国内外海洋仪器设备大全

（供应商名录）

中国人民解放军海洋环境专项办公室

国防工业出版社

·北京·

图书在版编目(CIP)数据

国内外海洋仪器设备大全/中国人民解放军海洋环境专项办公室编. —北京：国防工业出版社，2015.11
ISBN 978-7-118-10960-3

Ⅰ.①国… Ⅱ.①中… Ⅲ.①海洋监测—实验室仪器—介绍—世界 Ⅳ.① P716

中国版本图书馆 CIP 数据核字（2016）第 132632 号

国内外海洋仪器设备大全（供应商名录）

作　　者	中国人民解放军海洋环境专项办公室
责任编辑	王　鑫
出版发行	国防工业出版社
地　　址	北京市海淀区紫竹院南路 23 号　100048
印　　刷	北京市雅迪彩色印刷有限公司
开　　本	880×1230　1/16
印　　张	12½
字　　数	198 千字
版 印 次	2015 年 11 月第 1 版第 1 次印刷
印　　数	1—1500 册
总 定 价	850.00 元
本册定价	130.00 元

（本书如有印装错误，我社负责调换）

国防书店：(010)88540777　　　　发行邮购：(010)88540776
发行传真：(010)88540755　　　　发行业务：(010)88540717

编辑委员会

主 任 委 员：陈锦荣

副主任委员：刘　俊　苏振东　卢晓亭　李彦庆

委　　　员：刘先富　王卫平　张信学　吴　镝

编写人员：王　凯　余军浩　黄金星　牛　涛　徐全军
　　　　　韩　佳　袁　辉　张　旭　徐晓刚　许昭霞
　　　　　王泽元　郭立印　石　涛　张云海　马　明
　　　　　齐久成　李　清　叶玲玲　李复宝　田建光
　　　　　苏　强　石新刚　程　芮　文盖雄　王　兵
　　　　　黄　冬　郭隆华　王　敏　董　琳　赖　鸣
　　　　　杨清轩　王　达　姜琳婕　刘　晓

前言 PREFACE

2000多年前，古罗马著名哲学家西塞罗说"谁控制了海洋，谁就控制了世界"。纵观历史，世界强国的崛起无不伴随着海洋科学技术的大发展。

海洋科学技术发展至今，可分为三大阶段。

第一阶段是海洋探险与航海开拓阶段，那是一个从地理大发现开始到18世纪的英雄时代。航海家们用罗盘、六分仪、天文钟、测深铅锤、旋桨式风速风向仪和旋桨式海流计等原始设备，观测海洋并获取了珍贵的航海定位、水深、风、浪、流、潮、温等数据。

第二阶段可称为海洋考察与学科创建阶段，那是一个从19世纪开始到20世纪中叶的学派时代。从海洋教学与研究机构走出来的海洋学家们，带着他们研发或改进的回声测深仪、Nansen采水器与颠倒温度表、Ekman海流计、验潮井式验潮站、浮游生物采集网、阿氏底拖网、蚌式采泥器、重力取样管、海水氯度滴定法、溶解氧滴定法，借助"贝格尔"号、"挑战者"号、"流星"号等海洋综合观测平台，积累并完成了诸如《海洋自然地理学》《物种起源》《海洋》等在当时仍颇具争议的学院巨著。

第三阶段被视为海洋系统监测与动力学预报应用阶段。这是一个因二战军事需求所推动，又因战后工业经济高速发展而逐渐完善的业务化时代，时间跨度从20世纪中叶到21世纪初。在美国NOAA（国家海洋和大气管理局）为代表的国家海洋业务机构，以及WMO（世界气象组织）、SCOR、IOC等国际海洋组织的主导下，运用无线电定位技术、雷达定位技术、卫星定位技术、多波束测深、地震探测、浅剖、声纳、ADCP、压力测深计、电导盐度计、电化学法测量溶解氧、玻璃电极pH计、CTD、浮标、卫星遥感、水下机器人、信号记录、数据库、数值模型、^{14}C测量初级生产力、同位素海洋学方法等现代技术产品武装起来的海洋研究船队与立体监测系统，共同组织了诸如国际地球物理年（1957—1958）、国际海洋考察10年（1971—1980）等一系列国际合作计划，并透过海洋专业刊物、系列报告和海洋数据库，向社会发布与共享。

经过上述三个阶段的努力，海洋立体监测系统已经发展成为人类对地球系统的环境与生态问题进行多尺度、多层次、连续、动态信息应用的典范。海洋立体监测系统大规模地引入了遥感遥测等新技术，在实施大范围海面瞬间信息监测，建立数年至几十年长序列全球海洋数据库等方面，将海洋监测从常规调查迅速提升到了地球系统科学所需水准。20世纪末开始的信息革命，将人类社会带入了数字时代，也迎来了海洋科学与技术发展史新阶段。这是一个技术上以海洋监测网络为代表，而科学上以地球系统科学为牵引的新阶段；这是一个各层次海洋业务机构、国际海洋组织与各阶层公众共同参与的新阶段；这是一个将移动互联网、云计算、海洋研究平台群、立体观测系统有机结合形成的海洋数据结构体系。

显而易见，海洋数据结构体系中基础数据获取依托的是随海洋技术发展而来的各类海洋仪器设备，这些设备是人们得以持续探知海洋、获取信息的基础。2013年，作者在工作中发现，海洋仪器设备品种繁多、技术指标复杂，但市场上缺乏海洋仪器设备方面的工具书，信息查询仅能靠网上或从代理商处获取，且相关信息分类不清，一般人难以系统了解某类海洋仪器设备的总体情况，于是有了编撰一本系统实用的海洋仪器设备工具书的想法。历经一年，编撰的《国内外海洋仪器设备大全》终于面世了。上册系统介绍了海洋环境测量类仪器设备的功能与技术参数；下册系统介绍了海洋物探类仪器设备、海洋测绘类仪器设备、水下工程类仪器设备和海洋观测辅助设备的功能与技术参数；供应商名录分册介绍了海洋仪器设备的国内外主要供应商。

本书是中国人民解放军海洋环境专项办公室与中国船舶重工集团公司第七一四研究所集体智慧和共同劳动的结晶。中国人民解放军海洋环境专项办公室陈锦荣全程组织了本书提纲的编写、初稿的讨论、全书的统稿和终稿的审定，中国船舶重工集团公司第七一四研究所李彦庆对全书进行了审校，王凯、余军浩、黄金星、王兵、黄冬、郭隆华、文盖雄、苏强、石新刚、程芮等同志参加了有关章节的编写工作。

在本书即将出版之际，我们特别感谢中国人民解放军海洋环境专项办公室原总工程师王卫平、厦门大学商少平教授、浙江大学徐文教授等专家对全书整体结构、目录、内容等给出的重要意见和建议。在本书的编写过程中，还有一部分同志也参与了讨论，提供了有用的素材，为本书的出版作出了贡献，在此对这些默默付出的同志们表示感谢。

本书在分类介绍海洋仪器设备有关知识的基础上，着重综合、对比和归纳了现阶段海洋立体监测系统应用的主流技术与成果，利于从事涉海工作的科技人员和管理人员了解海洋仪器设备全貌，便于工作中对海洋仪器设备的选型、采购，也可作为海洋科学与海洋技术专业高年级本科生和研究生的参考书。

囿于受作者水平的限制，书中不当与错误之处实在难免，恳请广大读者不吝指教。

编　者

2015年9月于北京

目录 CONTENS

国内外供应商

1	美国 AirMar 公司	001
2	美国 Apollo SciTech 公司	001
3	美国 Aquatrak 公司	002
4	美国 Bluefin 公司	002
5	美国 Benthos 公司	003
6	美国 Campbell 公司	003
7	美国 CODAR 公司	004
8	美国 CES 公司	004
9	美国 Chesapeake 公司	005
10	美国 Deep Flight 公司	005
11	美国 Deep Sea Systems 公司	006
12	美国 DCS 公司	006
13	美国 DeTect 公司	007
14	美国 DOE 公司	007
15	美国 Deepwater Buoyancy 公司	008
16	美国 Earth Networks 公司	008
17	美国 Environmental Research Services 公司	009
18	美国 Exocetus Development 公司	009
19	美国 EGS 公司	010
20	美国 EdgeTech 公司	010
21	美国 EnviroTech 公司	011
22	美国 Eutech 公司	012

23	美国 FSI 公司	012
24	美国 Fluid Imaging 公司	013
25	美国 FMC Technologies 公司	013
26	美国 Garmin 公司	014
27	美国 Geometrics 公司	015
28	美国 HOBILabs 公司	015
29	美国 Hypack 公司	016
30	美国 iRobot 公司	016
31	美国 Impulse 公司	017
32	美国 InterOcean 公司	018
33	美国 JW Fishers 公司	018
34	美国 Klein Associates 公司	019
35	美国 Liquid Robotics 公司	019
36	美国 LinkQuest 公司	020
37	美国 Lockheed Martin 公司	021
38	美国 Micro-g Lacoste 公司	021
39	美国 McLane 研究实验室	022
40	美国 MEAS 公司	022
41	美国 Mooring Systems 公司	023
42	美国 MIT Sea Grant AUV 实验室	023
43	美国 MBARI 研究所	024
44	美国 Magellan 公司	024
45	美国 Marine Sonic 公司	025
46	美国 MacArtney 公司	025
47	美国 Metone 公司	026
48	美国 Nobska 公司	026
49	美国 NavCom 公司	027
50	美国 Oceanic Imaging 公司	027
51	美国 Ocean Science 公司	028
52	美国 OIS 公司	028

53	美国 OceanServer 公司	029
54	美国 Odom 公司	029
55	美国 OIC 公司	030
56	美国 ODI 公司	030
57	美国 Pacific Gype 公司	030
58	美国 R2Sonic 公司	031
59	美国 Radiometrics 公司	031
60	美国 TRDI 公司	032
61	美国 RODI Systems 公司	032
62	美国 R.M.Young 公司	033
63	美国 SeaBird 公司	033
64	美国 Sippican 公司	034
65	美国 Solar Light 公司	034
66	美国 SubChem 公司	035
67	美国 SyQwest 公司	035
68	美国 Sound Metrics 公司	036
69	美国 SOSI 公司	036
70	美国 Subconn 公司	037
71	美国 Sigma Space 公司	037
72	美国 Sunburst Sensor 公司	038
73	美国 Sea Sciences 公司	038
74	美国 SonTek 公司	039
75	美国 SAIC 公司	040
76	美国 SEAmagine 公司	040
77	美国 Triton 公司	040
78	美国 Teledyne BlueView 公司	041
79	美国 Triton Submarines 公司	041
80	美国 Trimble 公司	042
81	美国 Thermo Scientific 公司（原美国奥立龙公司）	042
82	美国 Webb 公司	043

83	美国 Woods Hole 集团	044
84	美国 WHOI 海洋研究所	044
85	美国 WETLabs 公司	045
86	美国 Xylem 公司	045
87	美国 YSI 公司	046
88	美国 YES 公司	047
89	美国 ZLS 公司	047
90	美国哈希公司	048
91	美国亚奇科技公司（RTI）	048
92	美国夏威夷大学	049
93	美国 Phoenix International 公司	049
94	美国杜邦公司	050
95	加拿大 AXYS 公司	050
96	加拿大 ASL 公司	051
97	加拿大 AML 公司	051
98	加拿大 Bedford 海洋研究所	052
99	加拿大 CMG 公司	052
100	加拿大 Caris 公司	053
101	加拿大 Hemisphere 公司	053
102	加拿大 Imagenex 公司	054
103	加拿大 Knudsen 公司	055
104	加拿大 Kraken 公司	055
105	加拿大 MetOcean 公司	056
106	加拿大 Marine Magnetics 公司	056
107	加拿大 Ocean Sonics 公司	057
108	加拿大 ODIM Spectrum 公司	057
109	加拿大 ODIM Brooke Ocean 公司	058
110	加拿大 Pro-Oceanus 公司	058
111	加拿大 RBR 公司	058
112	加拿大 ROMOR 公司	059

113	加拿大 Satlantic 公司	060
114	加拿大 Shark Marine 公司	060
115	加拿大 Xeostech 公司	061
116	加拿大国际潜艇工程有限公司（ISE）	061
117	德国 ARGUS 公司	062
118	德国 Atlas Elektronik 公司	062
119	德国 BGGS 公司	063
120	德国 CONTROS 公司	063
121	德国 Elac 公司	063
122	德国 Evologics 公司	064
123	德国 Fielax 公司	065
124	德国 Franatech 公司	065
125	德国 Geopro 公司	066
126	德国 General Acoustics 公司	066
127	德国 GISMA 公司	067
128	德国 Helzel 公司	067
129	德国 Hydro-Bios 公司	067
130	德国 HS-Engineers 公司	068
131	德国 iSiTEC 公司	068
132	德国 Jenoptik 公司	069
133	德国 Mariscope 公司	070
134	德国 Nautilus 公司	070
135	德国 Ocean Waves 公司	070
136	德国 Optimare MMS 公司	071
137	德国 Sea & Sun Technology 公司	071
138	德国 SubCtech 公司	072
139	德国 Thies Clima 公司	072
140	德国 TriOS GmbH 公司	073
141	德国 WTW 公司	074
142	法国 ACSA 公司	075

143	法国 Cybemetix 公司	075
144	法国 Eca Hytec 公司 (现名 Eca Robotics)	076
145	法国 iXBlue 公司	076
146	法国 NKE 公司	077
147	法国 SIG 公司	077
148	法国 Soacsy 公司	078
149	法国 Sercel 公司	078
150	法国海洋开发研究所（IFREMER）	079
151	英国 Aquatec 公司	079
152	英国 AC-CESS 公司	080
153	英国 Bowtech 公司	080
154	英国 Biral 公司	081
155	英国 CDL 公司	081
156	英国 C-Tecnics 公司	082
157	英国 Caley 公司	082
158	英国 Geotek 公司	083
159	英国 Gill Sensors 公司	083
160	英国 Guralp 公司	084
161	英国 Hydro-Lek 公司	084
162	英国 Marine Electronic 公司	085
163	英国 PSSL 公司	085
164	英国 RS Aqua 公司	086
165	英国 SAAB Seaeye 公司	086
166	英国 SMD 公司	087
167	英国 Sub-Atlantic 公司	087
168	英国 SubSea 7 公司	088
169	英国 Sonardyne 公司	088
170	英国 Tritexndt 公司	089
171	英国 Tritech 公司	089
172	英国 Valeport 公司	090

173	英国南安普敦国家海洋学中心	090
174	荷兰 A.P.V.D 公司	091
175	荷兰 Aqua Vision 公司	091
176	荷兰 Cytobuoy 公司	092
177	荷兰 Datawell 公司	092
178	荷兰 Geo 公司	093
179	荷兰 Geomil 公司	093
180	荷兰 Radac 公司	094
181	意大利国家研究理事会海洋科学研究所	094
182	意大利哈纳公司	095
183	意大利 Idronaut 公司	095
184	意大利 Systea 公司	096
185	意大利 Envirtech 公司	097
186	意大利 Micromed 公司	097
187	意大利 Klein Associates 公司	097
188	挪威 AADI 公司	098
189	挪威 Argus 公司	098
190	挪威 Fugro oceanor AS 公司	099
191	挪威 Imenco 公司	099
192	挪威 Kongsberg Maritime 公司	100
193	挪威 Miros 公司	101
194	挪威 Nortek 公司	101
195	挪威 SAIV A/S 公司	102
196	挪威 Simrad 公司	102
197	瑞典 SMC 公司	103
198	瑞典 LYYN 公司	103
199	瑞典 SAAB 公司	104
200	瑞士 Mettler Toledo 公司	105
201	丹麦 EIVA 公司	106
202	丹麦 Reson 公司	106

编号	名称	页码
203	丹麦 ATLAS Maridan ApS 公司	107
204	丹麦 KC 公司	107
205	芬兰 Vaisala 公司	108
206	芬兰 Meridata 公司	109
207	冰岛 Hfmynd 公司	109
208	西班牙 AMT 公司	110
209	新西兰 Zebra-Tech 公司	110
210	澳大利亚 DSPComm 公司	111
211	澳大利亚 Fiomarine 公司	111
212	俄罗斯 Elektropribor 公司	111
213	俄罗斯科学院 P.P. 希尔绍夫海洋研究所	112
214	日本 TSK 公司	113
215	日本 NiGK 公司	113
216	日本东京大学水下机器人技术与应用实验室（URA）	113
217	日本海洋—地球科学技术局（JAMSTEC）	114
218	日本 JFE Advantech 公司	115
219	日本帝人株式会社	115
220	韩国 EOFE 公司	116
221	韩国大宇造船海洋株式会社（DSME）	116
222	台湾大学海洋研究所	117
223	台湾 Dwtek 公司	117
224	中国科学院沈阳自动化研究所	118
225	中国科学院测量与地球物理研究所	118
226	中国科学院地质与地球物理研究所	118
227	中国科学院声学研究所	119
228	中国科学院声学研究所东海研究站	120
229	中国船舶重工集团公司第七〇二研究所	120
230	中国船舶重工集团公司第七一〇研究所	121
231	中国船舶重工集团公司第七一五研究所	121
232	中国船舶重工集团公司第七二四研究所	122

233	中国海洋大学	122
234	天津大学	123
235	哈尔滨工程大学	123
236	西北工业大学	123
237	华中科技大学	124
238	北京海兰信数据科技股份有限公司	125
239	北京星网宇达科技股份有限公司	125
240	国家海洋技术中心	126
241	天津海华技术开发中心	126
242	天津深之蓝海洋设备科技有限公司	127
243	中环天仪（天津）气象仪器有限公司	127
244	山东省科学院海洋仪器仪表研究所	128
245	青岛海山海洋装备有限公司	128
246	青岛华凯海洋科技有限公司	129
247	中国航天科技集团公司五院513所	129
248	苏州桑泰海洋仪器研发有限责任公司	130
249	扬州巨神绳缆有限公司	130
250	戴铂新材料（昆山）有限公司	131
251	无锡海鹰加科海洋技术有限责任公司	131
252	杭州瑞声海洋仪器有限公司	132
253	杭州应用声学研究所	132
254	嘉兴中科声学科技有限公司	133
255	浙江中航电子有限公司	133
256	西安天和防务技术股份有限公司	134
257	湖北海山科技有限公司	134
258	武汉德威斯电子技术有限公司	135
259	中船重工中南装备有限责任公司	135
260	广州海洋地质调查局	135
261	广州中海达卫星导航技术股份有限公司	136
262	广州南方卫星导航仪器有限公司	136

263	广州南方测绘仪器有限公司	137
264	中山市探海仪器有限公司	137
265	珠海云洲智能科技有限公司	137
266	深圳市智翔宇仪器设备有限公司	138

国内经销代理商

1	北京奥克希尔公司	139
2	北京市腾安瑞思达能源科技有限公司	139
3	北京泰富坤科技有限公司	140
4	北京联洲海创科技有限公司	140
5	北京双杰特科技有限公司	141
6	北京赛迪海洋技术中心	141
7	北京世纪浅海海洋气象仪器有限公司	142
8	北京天顿工程设备有限公司	142
9	北京博伦经纬科技发展有限公司	143
10	北京欧仕科技有限公司	143
11	北京美科天成科技发展有限公司	144
12	北京天诺基业科技有限公司	144
13	北京博海瑞达科技发展有限公司	146
14	北京恒远安诺科技有限公司	146
15	北京渠道科学器材有限公司	147
16	北京海洲赛维科技有限公司	147
17	北京大洋经略科技有限公司	148
18	北京合众思壮科技股份有限公司	148
19	北京普瑞亿科科技有限公司	149
20	北京远航信通科技有限公司	149
21	北京桔灯地球物理勘探有限公司	150
22	北京中地航星科技有限公司	151
23	北京因科思国际贸易有限公司	151

24	北京铭尼科科技有限公司	152
25	北京派尔慧德科技股份有限公司	152
26	北京中瑞陆海科技有限公司	153
27	奥瑞视（北京）科技有限公司	153
28	中国国际贸易有限公司	154
29	博来银赛科技（北京）有限公司	155
30	吉祥天地科技有限公司	155
31	劳雷工业有限公司	156
32	泰亚赛福科技发展有限责任公司	157
33	顶点华信科技有限公司	157
34	美国高科北京公司	158
35	青岛水德仪器有限公司	158
36	青岛领海海洋仪器有限公司	159
37	青岛海洋研究设备服务有限公司	160
38	青岛国科海洋环境工程技术有限公司	160
39	青岛俊杨环境技术有限公司	161
40	上海拜能仪器仪表有限公司	161
41	上海泛际科学仪器有限公司	162
42	上海精导科学仪器有限公司	162
43	上海精卫电子有限公司	163
44	上海星门国际贸易有限公司	163
45	上海靖虎机电科技有限公司	164
46	上海地海仪器有限公司	164
47	上海广创通用设备有限公司	165
48	上海胤旭机电设备有限公司	165
49	上海恩州仪器股份有限公司	166
50	上海达赛导航设备有限公司	166
51	上海 E-compass 科技有限公司	167
52	上海逐海仪器设备有限公司	167
53	上海贺森机电设备有限公司	168

54	上海瑾瑜商贸有限公司	169
55	上海奕枫仪器设备有限公司	169
56	上海泽泉科技有限公司	170
57	上海点鱼仪器有限公司	170
58	业纳（上海）精密设备有限公司	171
59	桂宁（上海）实验器材有限公司	171
60	希而科贸易（上海）有限公司	172
61	泛华设备有限公司（上海代表处）	172
62	广州拓泰环境监测技术有限公司	173
63	广州浩瀚电子科技有限公司	173
64	广州慧洋信息科技有限公司	174
65	南方卫星导航	175
66	精量电子（深圳）有限公司	175
67	丰乐（香港）有限公司	175
68	和成系统公司	176
69	欧美大地仪器设备中国有限公司	177
70	声震环保仪器有限公司	178
71	艾德海洋科技集团（香港）有限公司	179
72	杭州腾海科技有限公司	179
73	科瑞集团控股有限公司	180
74	厦门市吉龙德环境工程有限公司	180
75	福建瑞祥通导公司	181
76	合肥安澜仪器有限公司	182

国内外供应商

 1　美国 AirMar 公司

英文全称：Airmar Technology Corporation

业务范围：该公司世界著名的超声波传感器制造商，产品包括鱼探仪、超声波气象传感器、海洋深度、温度、速度传感器、GPS 航向传感器等。

联系方式：电话：(+1) 603-673-9570

邮箱：sales@airmar.com

公司地址：美国新罕布什尔州米尔福德市梅多布鲁克街 35 号

公司网址：www.airmartechnology.com

国内代理商：

（1）上海拜能仪器仪表有限公司

（2）杭州腾海科技有限公司

 2　美国 Apollo SciTech 公司

英文全称：Apollo SciTech Inc.

业务范围：该公司主要生产密度指示器、全碱度滴定仪、CO_2 分压测定仪等，广泛应用于海水酸碱度滴定与 CO_2 分压分析。产品已销往美国、加拿大、澳大利亚、乌克兰、法国以及中国等多个国家。

联系方式：电话：(+1) 706-247-1268

传真：(+1) 706-769-1466

邮箱：admin@apolloscitech.com

公司地址：美国佐治亚州博格特市马拉得环路 1070 号

公司网址：www.apolloscitech.com

国内代理商：北京世纪浅海海洋气象仪器有限公司

3 美国 Aquatrak 公司

英文全称：Aquatrak Corp.

业务范围：该公司提供用于水文、工业等领域的高品质液位测量系统，其应用还包括边界确定、排水测量、大坝维护以及化学储罐安全。该公司的仪器作为长期测量海浪、海况的准确可靠手段，享誉全球。该公司制造的声学验潮站，采用专利技术，可提供可靠精确的水位。

联系方式：电话：(+1) 407-321-3655

传真：(+1) 407-323-4944

邮箱：wdentel@aquatrak.com（销售）

gauges@aquatrak.com（工厂）

公司地址：美国佛罗里达州桑福德市二十五大道 1100E 号

公司网址：www.aquatrak.com

国内代理商：

（1）上海地海仪器有限公司

（2）青岛领海海洋仪器有限公司

4 美国 Bluefin 公司

英文全称：Bluefin Robotics Corporation

业务范围：该公司为全球国防、商业和科研用户提供自主式水下潜行器（AUV）和相关技术服务。该公司提供全方位模式化的水下机器人平台。基于一组核心的构件，该公司设计了超过 50 种不同配置的水下潜行器，包括 70 多个不同的传感器。

联系方式：电话：(+1) 617-715-7000

传真：(+1) 617-498-0067

公司地址：美国马萨诸塞州昆西南路 553 号

公司网址：www.bluefinrobotics.com

国内代理商：无

5 美国 Benthos 公司

英文全称：Teledyne Benthos

业务范围：该公司提供高新技术产品和集成系统，产品用于远程海洋环境调查、测量、数据收集以及通信。产品包括地形地貌调查系统、侧扫声纳系统、玻璃浮球系统、水下声学释放系统、水听器，及其他海洋科学研究系统，产品用于深海和浅海调查。

联系方式：电话：(+1) 508-563-1000

传真：(+1) 508-563-6444

公司地址：美国马萨诸塞州北法尔茅斯埃杰顿路 49 号

公司网址：www.benthos.com

国内代理商：

（1） Geo Marine Technology Limited

地址：香港沙田新界安心街 19 号新商业中心 1019 室

电话：(+852) 2635-2127，传真：(+852) 2635-1672

邮箱：janson@geo-marine-tech.com

（2） 上海瑾瑜商贸有限公司

6 美国 Campbell 公司

英文全称：Campbell Scientific, Inc.

业务范围：该公司主要生产测量和控制装置（用于长期监控），产品包括数据记录仪和数据采集系统、数据传输设备、测量与控制外围设备、传感器、系统软件、电源等。

联系方式：电话：(+1) 435-227-9140

邮箱：info@campbellsci.com

公司地址： 美国犹他州洛根市西北 1800 路 815 号

公司网址： www.campbellsci.com

国内代理商：

（1）北京天诺基业科技有限公司

（2）北京博伦经纬科技发展有限公司

（3）杭州腾海科技有限公司

7 美国 CODAR 公司

英文全称： CODAR Ocean Sensors, Ltd.

业务范围： 该公司是全球著名的高频雷达系统（用于洋流测绘和海浪监测）的设计制造商，市场占有率约 80%，工作小时数达到 200 万小时，其产品"SeaSonde"用于连续大面积实时监测海洋表面流，是世界上实现商业化的高频雷达系统之一。

联系方式： 电话：(+1) 408-773-8240

邮箱：info@codar.com

公司地址： 美国加利福尼亚州芒廷维尤市普利茅斯街 1914 号

公司网址： www.codar.com

国内代理商： 劳雷工业有限公司

8 美国 CES 公司

英文全称： Coastal Environmental Systems, Inc.

业务范围： 该公司是全球知名的气象观测系统和气象站供应商，业务涉及航空、灾害事件预测响应、军事、农业和其他工业领域。提供航空、军事、紧急情况应对和其他条件下的气象站解决方案，服务对象包括美国空军、加拿大海军和美国联邦航空管理局等。在南北极、撒哈拉沙漠等极端环境也建立有气象观测站。产品线包括自动天气观测系统、全自动地表观测系统、固定基站系统、军用战术航空气象站、军用太阳能航空气象站等。生产的 WEATHERPAK 气象站曾连续 30

多年被认为是最优秀的紧急用气象仪。公司还开发有世界著名的32位数据记录仪，ZENO3200及其软件系统 ZENOSOFT。

联系方式： 电话：(+1) 206-682-6048

传真：(+1) 206-682-5658

邮箱：Marketing@CoastalEnvironmental.com

公司地址： 美国华盛顿州西雅图市第一大道南820号

公司网址： www.coastalenvironmental.com

国内代理商：

（1）北京普瑞亿科科技有限公司

（2）北京世纪浅海海洋气象仪器有限公司

9 美国 Chesapeake 公司

英文全称： Chesapeake Technology, Inc.

业务范围： 该公司成立于1995年，是一家专业从事声纳数据解释的公司，该公司的软件已经广泛应用于海道测量、海洋物探以及地质勘探中。该公司的主要产品为 SonarWiz 软件。

联系方式： 电话：(+1) 650-967-2045

传真：(+1) 650-903-4500

邮箱：info@chesapeaketech.com

公司地址： 美国加利福尼亚州

公司网址： www.chesapeaketech.com

国内代理商： 无锡海鹰加科海洋技术有限责任公司

10 美国 Deep Flight 公司

英文全称： Deep flight

业务范围： 该公司是美国霍克斯海洋技术公司的子公司，致力于载人潜水器的研究与开发工作。结合潜艇和高性能飞机特性，该公司开发了系列载人潜水器，具有速度快、质量轻、安全性高的特点。

联系方式：电话：(+1) 510-236-3422

邮箱：info@deepflight.com

公司地址：美国旧金山

公司网址：www.deepflight.com

国内代理商：无

11 美国 Deep Sea Systems 公司

英文全称：Deep Sea Systems International

业务范围：美国 Deep seas systems 公司是 Oceaneering International, Inc. 的全资附属公司，设计、制造海洋工程设备，有数十年的深海工程经验，是工作级 ROV 的著名供应商。公司可为深水作业提供移动、低费用的 ROV 租赁解决方案。

联系方式：电话：(+1) 508-564-4200

传真：(+1) 508-564-7878

公司地址：美国马萨诸塞州普利茅斯郡三明治路 28A

公司网址：www.deepseasystems.com

国内代理商：无

12 美国 DCS 公司

英文全称：Deepwater Corrosion Services, Inc.

业务范围：该公司为全球的近海基础设施提供创新的腐蚀控制技术。主要产品包括阴极保护系统，Polatrak 阴极保护监测系统，Polatrak 腐蚀测试探测器，I-Rod 防腐蚀管道支持，腐蚀调查服务，阴极保护设计和腐蚀工程。

联系方式：电话：(+1) 713-983-7117

传真：(+1) 713-983-8858

邮箱：sales@stoprust.com

公司地址：美国德克萨斯州休斯敦市火车街 10851 号

公司网址:www.stoprust.com
国内代理商:劳雷工业有限公司

13 美国 DeTect 公司

英文全称:DeTect, Inc.

业务范围:美国 Detect 公司生产的应用雷达系统,可用于航空、安全监控、环境保护、能源、气候和风速测量。在全球范围内,该公司安装和运营有超过 250 套雷达系统的安装和操作是由该公司负责的。

联系方式:电话:(+1) 850-763-7200

传真:(+1) 850-763-0920

邮箱:contact@detect-inc.com

公司地址:美国佛罗里达州巴拿马市哈里森大道 1430 号

公司网址:www.detect-inc.com

国内代理商:北京世纪浅海海洋气象仪器有限公司

14 美国 DOE 公司

英文全称:Deep Ocean Engineering

业务范围:该公司生产的 Firefly 和 P150 两型核反应堆检测水下机器人(ROV),采用耐辐射材料制造,已广泛应用于在役核反应堆的检测和维护。DOE 公司的观察、检测级系列 ROV 包括 Triggerfish、Lionfish、Swordfish 等型号,大多配有摄像机、照相机、声纳和小型机械手,适用于不同水下观察、轻型作业的场合。

联系方式:电话:(+1) 408-436-1102

传真:(+1) 408-436-1108

邮箱:sales@deepocean.com

公司地址:美国加利福尼亚州硅谷圣何塞

公司网址:www.deepocean.com

国内代理商:劳雷工业有限公司

15 美国 Deepwater Buoyancy 公司

英文全称：Deepwater Buoyancy

业务范围：该公司致力于为世界各地的海洋观测、海洋石油和天然气工业提供浮力产品，该公司的产品覆盖海面到 6000m 水深的海域，30 年时间里有着良好的质量口碑。产品有 ADCP 浮球、硬质浮球、模块浮力材料等。

联系方式：电话：(+1) 207-502-1400

邮箱：dcote@deepwb.com

公司地址：美国缅因州比迪福德

公司网址：deepwaterbuoyancy.com

国内代理商：劳雷工业有限公司

16 美国 Earth Networks 公司

英文全称：Earth Networks, Inc.

业务范围：该公司拥有全球最大的气象观测网络，同时也运营着全球最大和最先进的闪电传感器网络（Total Lightning Network），可提供气象观测数据、天气预报、灾害预警等服务，同时也提供闪电和温室气体观测数据。服务对象包括美国政府、国家气象局、航空公司、能源行业以及高校研究所等，并与 SIO 等机构合作建立了全球最大的温室气体监测网络，拥有约 10000 个气象观测站。

联系方式：电话：(+1) 301-250-4000

邮箱：info@earthnetworks.com

公司地址：美国马里兰州日耳曼敦 300 区里程碑中心 12410 号

公司网址：www.earthnetworks.com

国内代理商：北京世纪浅海海洋气象仪器有限公司

17 美国 Environmental Research Services 公司

英文全称： Environmental Research Services, LLC.

业务范围： 该公司是多功能集成探测分析软件领域的领跑者，开发的 RAOB 软件是世界上知名的气象探测处理软件，可以提供准确的分析，能够自动将探空仪、风廓线、微波辐射计等数据计算解码为 45 种不同格式，同时将数据可视化绘出 12 种图形。此软件可生成多种大气参数，能实时显示数据并进行处理和储存。

联系方式： 电话：(+1) 570-491-4689
　　　　　　 传真：(+1) 570-491-2049
　　　　　　 邮箱：wxx@raob.com

公司地址： 美国弗吉尼亚州林登市 C 区约翰马绍尔路 5267 号

公司网址： www.raob.com

国内代理商： 北京世纪浅海海洋气象仪器有限公司

 ## 18 美国 Exocetus Development 公司

英文全称： Exocetus Development LLC

业务范围： 该公司是一家专业生产水下滑翔机的著名公司，生产的近岸水下滑翔机探测系统（Coastal Glider）是在美国海军研究办公室经费支持下经过六年时间发展而成，已交付美国海军 18 套近岸水下滑翔机探测系统，共完成 4500h 的操作。近岸水下滑翔机探测系统的设计可以轻易加挂多感应器，而不需或只需小幅度修改滑翔机的外壳。

联系方式： 电话：(+1) 858-864-7775
　　　　　　 传真：(+1) 907-569-0268
　　　　　　 邮箱：ray@exocetus.com

公司地址： 美国加利福尼亚州圣地亚哥市城堡大道 4509 号

公司网址： www.exocetus.com

国内代理商： 杭州腾海科技有限公司

19 美国 EGS 公司

英文全称：EGS Group

业务范围：该公司是一家世界知名的跨国公司，在地球物理学和调查行业赢得了卓越的专业声誉，可为石油天然气、通信、能源领域提供的专业海洋调查支持。EGS 通过其全资子公司 C-Products Europe 公司，开发出了业界著名的轻量级地震系统，提高了浅海地震分析的结果。该系统包括一个低电压 boomer 震源 (C-Boom) 和地震信号接收器 (C-Phone)，通过船载拖曳，能够产生极佳的地球物理数据。C-Products 已逐渐成为地震行业专业人士的首选系统。

联系方式：电话：(+1) 727-341-9288

邮箱：info@egssurvey.com.au

公司地址：美国佛罗里达州

公司网址：www.egssurvey.com

国内代理商：

（1）青岛国科海洋环境工程技术有限公司

（2）无锡市海鹰加科海洋技术有限责任公司

20 美国 EdgeTech 公司

英文全称：EdgeTech, Inc.

业务范围：该公司是行业知名的高精度水声定位、导航和控制产品设计与制造商，主要生产水平扫描声纳、海底及海洋勘探仪等集成式、模块化的船用系统工具。水下定位领域主要生产超短基线高精度追踪系统，并作为行业基准超过 20 年。最新引入的宽带模块可以实现更大范围的超高精度定位。目前该公司已向美国海军、海洋探测公司及各大洲的油气勘探公司提供服务和产品。主要产品包括主动推离式声学释放器，弹射式声学释放器，大陆架声学释放器 / 应答器，中深海声学释放器 / 应答器，深海声学释放器 / 应答器，重载声学释放器 / 应答器，多功能水下声学应答器，应急释放回收系统，运动传感器，超短基线声学定位系统等。

联系方式：马萨诸塞州

电话：(+1) 508-291-0057

传真：(+1) 508-291-2491

佛罗里达州

电话：(+1) 561-995-7767

传真：(+1) 561-995-7761

邮箱：info@edgetech.com

公司地址：美国佛罗里达州博卡拉顿市荷兰街 1141 号

美国马萨诸塞州普利茅斯市西威尔海姆小布鲁克街 4 号

公司网址：www.edgetech.com

国内代理商：

（1）劳雷工业有限公司

（2）广州浩瀚电子科技有限公司

21 美国 EnviroTech 公司

英文全称：EnviroTech Instruments LLC

业务范围：该公司设计、开发以及生产自动化的营养盐监测系统、水质采样器，以及遥测系统。主要产品有 MicroLAB 营养盐监测系统 (Nutrient Monitoring System)，EcoLAB 原位化学分析仪 (In-situ Chemical Analyzer)，AutoLAB 自动营养盐分析仪 (Automated Chemical Measurement System)，NAS-3X 现场营养盐分析仪 (In-situ Nutrient Analyzer)，Aqua Monitor 智能编程采水器，Aqua Sentinel 在线营养盐分析仪 (Automatic Analyzer) 等。

联系方式：电话：(+1) 757-549-8474

传真：(+1) 757-410-2382

邮箱：mail@envirotechinstruments.com

公司地址：美国弗吉尼亚州切萨皮克

公司网址：envirotechinstruments.com

国内代理商：青岛水德仪器有限公司

22 美国 Eutech 公司

英文全称： Eutech Instruments Pte Ltd

业务范围： 该公司成立于 1990 年，致力于水质分析和基于传感器的仪器设计制造，Eutech 是基于专用集成电路（ASIC）的仪器方面的先驱，其在传感器技术、软件编程和产品设计上的成就得到了国际认可，包括世界上第一个 WindowsCE 驱动的彩色触摸屏级台式仪表的研究。

联系方式： 电话：(+1) 888-462-5866
　　　　　　 传真：(+1) 888-247-2984
　　　　　　 邮箱：eutech@thermofisher.com

公司地址： 美国加利福尼亚州

公司网址： www.eutechinst.com

国内代理商： 优特仪器

电话：021-64847471，传真：021-54353522

邮箱：katie.zhou@thermofisher.com

地址：上海延安西路 1566 号龙峰大厦 20 楼 D 座

网址：www.dheal.com

23 美国 FSI 公司

英文全称： Falmouth Scientific, Inc.

业务范围： 该公司是海洋精密仪器制造商，致力于波潮仪、温盐深传感器、声学海流计、侧扫声纳的研究开发和制造，公司产品已销往全球 50 多个国家和地区。

联系方式： 电话：(+1) 508-564-7640
　　　　　　 邮箱：fsi@falmouth.com

公司地址： 美国马萨诸塞州 28A 公路 1400 号

公司网址： www.falmouth.com

国内代理商：

（1）上海地海仪器有限公司

（2）劳雷工业有限公司

24 美国 Fluid Imaging 公司

英文全称：Fluid Imaging Technologies, Inc.

业务范围：该公司是一家全球性生产实验室仪器的公司，主要提供流式影像仪（已获得专利权），微粒成像分析系统。其中，FlowCAM（浮游生物流式细胞成像仪）是一款功能强大，属于目前世界上同类探测仪器中最先进的仪器。FlowCAM 具有连续成像和流式计数功能、能够快速检测出流体中的有机和无机悬浮体（包括浮游生物、浮游植物、细胞、藻类以及其他微粒），可以应用 Visual Spreadsheet 软件对检测到的微粒进行后期的筛选和分类，得到相关的颗粒数据。

联系方式：电话：(+1) 207-289-3200

　　　　　　传真：(+1) 207-289-3101

　　　　　　邮箱：info@fluidimaging.com

公司地址：美国缅因州斯卡布罗市企业路 200 号

公司网址：www.fluidimaging.com

国内代理商：

（1）北京世纪浅海海洋气象仪器有限公司

（2）杭州腾海科技有限公司

（3）北京欧仕科技有限公司

25 美国 FMC Technologies 公司

英文全称：FMC Technologies, Inc.

业务范围：该公司是世界上最大的油田用流体控制产品供应商，其流体控制的主要品牌有 CHIKSAN、WECO 和 DYNETOR 等。该公司还是世界先进的流体操控装置、液体测量装置和运输设备及系统的全球供应商，也为能源、食品加工及航空运输行业提供关键技术解决方案。公司为油田服务领域的客户设计、生产和供应技术先进的设备和配件，以及为原油、天然气及精炼油类产品运输和加工行业的客户提供液气体测量装置、运输设备和系统。同时，公司还对钻井平台、原油和天然气油井、钻井平台海底植被，及地面钻井提供方案解决系统和生产系统。

联系方式： 电话：(+1) 281-591-4000

传真：(+1) 408-615-5200

公司地址： 美国德克萨斯州休斯顿山姆休斯顿街 5875 号

公司网址： www.fmctechnologies.com

国内代理商：

（1）FMC 科技香港有限公司上海代表处

电话：021-63410909，传真：021-63410828

邮箱：office@magellangps.cn

地址：上海广东路 689 号海通证券大厦 3004 室

（2）常熟美信达科技能源设备有限公司

电话：0512-52299009

地址：江苏省常熟市滨江开发区出口加工区

（3）上海铂鳞贸易有限公司

电话：021-31156786，传真：021-31156785

地址：上海市徐汇区斜土路 2601 号（嘉汇广场）

（4）泉州市双环贸易发展有限公司

电话：0595-28767829，传真：0595-28767825

地址：福建省泉州市鲤城区展览城二期 A 座

26 美国 Garmin 公司

英文全称： Garmin Ltd.

业务范围： 该公司是生产 GPS 产品的著名厂家，在 GPS 领域中发展出许多突破性的技术，研发出第一台使用于非精密进场的通用型航空专用卫星定位仪，首次生产具备 GPS 与 VHF 双重功能的掌上型产品，将 GPS 推广到户外活动领域，产品包车用、航空、航海导航仪。

联系方式： 电话：(+1) 913-397-8200

邮箱：sales@airmar.com

公司地址： 美国堪萨斯州欧雷瑟市东 151 路 1200 号

公司网址：www.garmin.com

国内代理商：

（1）国内子公司

—北京佳明航电科技有限公司

电话：010-84475550，传真：010-84475030

地址：北京市朝阳区酒仙桥路 14 号兆维大厦二层 201

—上海佳明航电企业管理有限公司

电话：021-60737675，传真：021-61675039

地址：上海市徐汇区桂平路 391 号新漕河泾国际商务中心 A 座 37 楼

（2）杭州腾海科技有限公司

27 美国 Geometrics 公司

英文全称： Geometrics

业务范围： 该公司生产不同型号，各种气候条件下使用的几何图形地震仪、海洋地震仪、磁力仪、地震产品等，仪器设备广泛应用于石油及天然气勘探、矿产勘探、地下水勘探、考古侦查、地球物理、宝藏探索以及军事国防领域等。

联系方式： 电话：(+1) 408-954-0522

邮箱：sales@geometrics.com

公司地址： 美国加利福尼亚州圣何塞市幸运大道 2190

公司网址： www.geometrics.com

国内代理商： 劳雷工业有限公司

28 美国 HOBILabs 公司

英文全称： HOBILabs. Inc.

业务范围： 该公司成立于 1997 年，致力于海洋光学仪器研究与开发。产品包括水体辐照度辐亮度测量仪、后向散射仪、光度计等海洋光学测量仪器。

联系方式： 电话：(+1) 425-223-3438

传真：(+1) 425-223-3438

邮箱：service@hobiservices.com

公司地址： 美国华盛顿贝尔维尤

公司网址： www.hobilabs.com

国内代理商： 上海奕枫仪器设备有限公司

29 美国 Hypack 公司

英文全称： Hypack, Inc.

业务范围： 该公司开发了水文综合测量软件 Hypack，该软件是集测量设计、组合导航、数据密采、专业数据处理、成果输出及可视化的综合测量软件系统，用户覆盖全球权威水文测量机构，诸如美国和欧洲各国海岸警备队、NOAA、各国海事局及大学研究机构等。

联系方式： 电话：(+1) 860-635-1500

传真：(+1) 860-635-1522

邮箱：hypack@hypack.com

公司地址： 美国康涅狄格米德尔敦

公司网址： www.hypack.com

国内代理商： 青岛海洋研究设备服务有限公司

30 美国 iRobot 公司

英文全称： iRobot Corporation, Inc.

业务范围： 该公司于 1990 年由美国麻省理工学院的教授创立，是全球知名的 MIT 计算器科学与人工智能实验室技术转移及投资成立的专业机器人产品与技术研发公司。iRobot 发明各型军用、警用、救难、侦测机器人，轻巧实用，被军方、警方、救援单位用于各种不同场合。2010 年 6 月 iRobot 开发了帮助墨西哥海湾漏油事件探查的海洋用机器人。

联系方式：电话：(+1) 781-430-3030（技术）

　　　　　　　　(+1) 781-430-3090（销售）

　　　　　传真：(+1) 781-430-3001

　　　　　邮箱：sales@irobot.com

公司地址： 美国马萨诸塞州贝德福德市克里斯比街 8 号

公司网址： www.irobot.com

国内代理商： 湖南科凡达高新智能设备供应有限公司

电话：400-0818-968，0731-85263429

地址：湖南省长沙市岳麓区桐梓坡西路 348 号科力远工业园

网址：www.corobotic.com

31 美国 Impulse 公司

英文全称： Teledyne Impulse

业务范围： 该公司主营插件，主要产品包括硬盘驱动器插件，微型高密度插件，航空航天开关，热剥线钳，水下插件等。该公司生产的水密接插件规格型号繁多，从简单的单芯插件到几十芯的插件，从橡胶制品到金属制品，从接插件到穿舱件，从干插拔到水下插拔，从耐低压到耐高压。

联系方式： 电话：(+1) 858-842-3100

　　　　　传真：(+1) 858-565-1649

　　　　　邮箱：interconnectdevices@teledyne.com

公司地址： 美国加利福尼亚州圣地亚哥市卡罗尔峡谷路 9855 号

公司网址： www.teledyneimpulse.com

国内代理商：

（1）劳雷工业有限公司

（2）杭州腾海科技有限公司

32 美国 InterOcean 公司

英文全称： InterOcean Systems Inc.

业务范围： 该公司是设计和制造高品质海洋和环保设备的著名企业。公司提供超过 150 个标准的产品，包括海流计、波潮仪、水听器、声学释放、转发器、浮标、远程数据遥测系统，以及完整的绞车和电缆处理系统。

联系方式： 电话：（+1）858-565-8400

传真：（+1）858-268-9695

邮箱：sales@interoceansystems.com

公司地址： 美国加利佛尼亚州圣地亚哥市鲁芬路 3738 号

公司网址： www.interoceansystems.com

国内代理商：

（1）青岛代诺海洋工程技术有限公司

电话：0532-3887779

地址：山东省青岛市市南区南海路 7 号

（2）青岛鑫海洋测绘仪器有限公司

电话：0532-13730955

地址：青岛开发区太行山路 537 号

33 美国 JW Fishers 公司

英文全称： JW Fishers Inc.

业务范围： 该公司是美国海洋仪器制造商，专营水下探测仪器。主要产品包括水下摄像机，水下摄像系统，水下声纳系统，侧扫声纳系统，扫描声纳系统，测深仪，回声测深仪，手持式金属探测器，拖曳式金属探测器，船拖式金属探测器，电缆追踪器，电缆探测器，远程金属探测器。

联系方式： 电话：（+1）800-822-4744

传真：（+1）508-880-8949

邮箱：info@jwfishers.com

公司地址：美国马萨诸塞州东陶顿康第街 1953 号

公司网址：www.jwfishers.com

国内代理商：

(1) 北京海洲赛维科技有限公司

(2) 青岛水德仪器有限公司

(3) 杭州腾海科技有限公司

(4) 北京天顿工程设备有限公司

34 美国 Klein Associates 公司

英文全称：L-3 Klein Associates, Inc.

业务范围：该公司是世界著名的侧扫声纳设备、水下安全和监控系统供应商。主要产品包括侧扫声纳、水下安全监控系统、SonarPro 软件等，其中侧扫声纳系统被推崇为业界的标准，供货给世界各地的政府、海军、港务局、公司和学校，曾被应用于定位包括泰坦尼克号、挑战者号在内的定位工作。

联系方式：电话：(+1) 603-893-6131

传真：(+1) 603-893-8807

邮箱：Klein.Mail@L-3com.com

公司地址：美国新罕布什尔州塞伦区克莱恩路 11 号

公司网址：www.l-3mps.com/Klein

国内代理商：

(1) 北京海洲赛维科技有限公司

(2) 杭州腾海科技有限公司

(3) 北京赛迪海洋技术中心

35 美国 Liquid Robotics 公司

英文全称：Liquid Robotics, Inc.

业务范围：该公司是波浪滑翔器的设计制造商，设计制造了世界第一个波浪滑翔器，该机器人可长时间在不同天气下进行海上作业，提供实时监控数据，用以实施气象监测、海啸预警或海上能源和资源管理等。

联系方式： 电话：(+1) 408-636-4200

邮箱：info@liquidr.com

公司地址： 美国加利福尼亚州森尼维耳市墨菲特公园大道 1329 号

公司网址： www.liquidr.com

国内代理商： 劳雷工业有限公司

36 美国 LinkQuest 公司

英文全称： LinkQuest, Inc.

业务范围： 该公司是精密声学仪器的著名制造商，其产品应用于海上石油勘探、钻井、勘察，环境研究等领域。该公司的主要产品包括：Soundlink 高速声学调制解调器，TrackLink 声学跟踪系统，FlowQuest 声学海流剖面仪，NavQuest 多普勒速度记录仪（DVL），PinPoint LBL 声学定位系统，精密海洋测地系统等。

联系方式： 电话：(+1) 858-623-9900

传真：(+1) 858-623-9918

邮箱：sales@link-quest.com

support@link-quest.com

公司地址： 美国加利福尼亚州圣地亚哥市陀螺枪街 6749 号

公司网址： www.link-quest.com

国内代理商：

（1）无锡市海鹰加科海洋技术有限责任公司

（2）杭州腾海科技有限公司

（3）北京世纪浅海海洋气象仪器有限公司

37 美国 Lockheed Martin 公司

英文全称：Lockheed Martin Corporation

业务范围：该公司是世界上著名的技术多元化公司。主要涉足飞机、航天器、军用飞机、防卫电子器材、通信、信息与服务、系统集成、能源与环境、宇航等领域。其核心业务是系统整合、航空、宇航、国防技术服务及环球电信等。主要产品有岸基反潜机 P-3 系列、C-130 系列军用运输机、导弹和空间系统、数据收集和处理系统、军用电子系统、飞行训练辅助设备、火控系统和空中交通管制设备等。

联系方式：电话：(+1) 301-571-7135

公司地址：美国马里兰州

公司网址：www.lockheedmartin.com

国内代理商：北京世纪浅海海洋气象仪器有限公司

38 美国 Micro-g Lacoste 公司

英文全称：Micro-g Lacoste

业务范围：该公司主要从事各型号重力仪的研发、生产、应用及维护工作，包括绝对自由落体重力仪、FG5 绝对重力仪、A10 绝对重力仪、FGL 绝对重力仪、GPhone 重力仪、基于 spring 的相对重力仪等。

联系方式：电话：(+1) 303-962-7987

　　　　　　邮箱：info@microglacoste.com

公司地址：美国科罗拉多州拉斐特市海天大道 1401 楼

公司网址：www.microglacoste.com

国内代理商：

（1）北京天顿工程设备有限公司

（2）劳雷工业有限公司

39 美国 McLane 研究实验室

英文全称：McLane Research Laboratories, Inc.

业务范围：该公司实验室先进时间序列采样器的设计制造商，产品包括水下浮游动植物采样器、沉积物捕获器、环境样品处理器、温盐深测量仪、系泊产品等。

联系方式：电话：(+1) 508-495-4000

邮箱：mclane@mclanelabs.com

公司地址：美国马萨诸塞州东法尔茅斯市伯纳德圣让街 121 号

公司网址：www.mclanelabs.com

国内代理商：

（1）北京欧仕科技有限公司

（2）杭州腾海科技有限公司

（3）北京世纪浅海海洋气象仪器有限公司

40 美国 MEAS 公司

英文全称：Measurement Specialties

业务范围：该公司是世界顶尖的传感器制造商之一，产品包括：压力、称重/力、扭矩、位移、倾角、液位、振动/加速度、惯性、水质、温度、湿度、流量、磁阻、血氧、压电薄膜以及液体特性等传感器。MEAS 传感器应用于各类检测、反馈和控制等关键部位，主要面对 OEM 客户群体，客户涉及航天航空、机械制造、机动车辆、医疗设备、空调制冷、汽车安全、家用电器控制等诸多领域。

联系方式：电话：(+1) 757-766-1500

传真：(+1) 757-766-4297

邮箱：sales.china@meas-spec.com

公司地址：美国弗吉尼亚州汉普顿市卢卡斯路 1000 号

公司网址：www.meas-spec.com

国内代理商：

（1）精量电子（深圳）有限公司

（2）杭州腾海科技有限公司

41 美国 Mooring Systems 公司

英文全称：Mooring Systems, Inc.

业务范围：该公司是海洋系泊设备和仪表部署平台的设计制造商，拥有丰富的系泊系统计算建模经验，可生产抗疲劳、抗腐蚀的系泊设备，产品包括海啸检测系统、浮标、仪表框、3×19 钢丝绳、码头设备等。

联系方式：电话：(+1) 508-564-4770

邮箱：sales@mooringsystems.com

公司地址：美国马萨诸塞州卡托梅特市 28A 公路 1227 号

公司网址：www.mooringsystems.com

国内代理商：北京世纪浅海海洋气象仪器有限公司

42 美国 MIT Sea Grant AUV 实验室

英文全称：MIT Sea Grant AUV Lab

业务范围：实验室自 1989 年以来一直致力于自主无人水下航行器的开发和应用，是著名的水下航行器研发机构，其产品可以在不系绳、电缆的情况下实现远程控制，已广泛应用在海洋学、环境监测、水下资源研究中。

联系方式：电话：(+1) 617-253-3402

传真：(+1) 617-258-5730

邮箱：auvlab@mit.edu

公司地址：美国马萨诸塞州

公司网址：auvlab.mit.edu

国内代理商：无

43 美国 MBARI 研究所

英文全称：Monterey Bay Aquarium Research Institute

业务范围：该研究所是著名的海洋科学和技术研究中心，成立于 1987 年，其主要研究内容包括自主水下航行器（AUV）、海洋生态维持系统以及海洋监测仪器，目前的主要研究方向包括海洋生物、海洋观测站、遥控潜水器、现场仪表等。

联系方式：电话：(+1) 831-775-1700

传真：(+1) 831-775-1620

公司地址：美国加利福尼亚州

公司网址：www.mbari.org

国内代理商：无

44 美国 Magellan 公司

英文全称：Magellan

业务范围：该公司是全球首款 GPS 手持机的生产者，拥有超过 200 个 GPS 相关技术专利。主要产品包括户外手持导航设备、GPS 运动手表、车载导航、为 iPhone 编写的 RoadMate App 软件，以及高级车载配件，是 GPS 手持机业界公认的领导者和创新者。

联系方式：电话：(+1) 408-615-5100

传真：(+1) 408-615-5200

公司地址：美国加利福尼亚州圣克拉拉阿尔卡米诺路 471 号

公司网址：www.magellangps.com

国内代理商：

（1）北京办事处

电话：010-65669866/67，传真：010-65660246

邮箱：office@magellangps.cn

地址：北京朝阳区建国路 118 号招商局大厦 29G

（2）上海达赛导航设备有限公司

（3）杭州腾海科技有限公司

 45 美国 Marine Sonic 公司

英文全称： Marine Sonic technology, Ltd.

业务范围： 该公司是著名的水下设备制造商，主要产品有高分辨率小型侧扫声纳，水下自主潜航器等。

联系方式： 电话：(+1) 804-693-9602

传真：(+1) 804-693-6785

公司地址： 美国弗吉尼亚州怀特马什乔治华盛顿纪念公路 5508 号

公司网址： www.marinesonic.com

国内代理商： 青岛领海海洋仪器有限公司

 46 美国 MacArtney 公司

英文全称： MacArtney Inc.

业务范围： 该公司是一家专业从事水下系统设计、制造和销售的公司，产品应用于世界各地的海上作业、海洋监测、海洋科学和海洋安全。该公司提供一系列先进可靠的水下系统，从水密接插件、电缆、水密连接器到光纤遥测系统、远程操作系统。

联系方式： 电话：(+1) 713-266-7575

传真：(+1) 713-266-7519

邮箱：mac-us@macartney.com

公司地址： 美国休斯敦

公司网址： macartney.com

国内代理商： 广州浩瀚电子科技有限公司

47 美国 Metone 公司

英文全称：Met One Instruments Inc.

业务范围：该公司是一家致力于环境监测，包括气象、颗粒、数据记录、软件以及解决方案。产品包括气象站、颗粒仪、辐射仪和除尘监控系统等。

联系方式：电话：(+1) 541-471-7111

传真：(+1) 541-471-7116

邮箱：sales@metone.com

公司地址：美国华盛顿

公司网址：www.metone.com

国内代理商：美国 Metone 公司上海办公室

电话：18802196369

地址：上海市延安西路

48 美国 Nobska 公司

英文全称：Nobska Development, Inc.

业务范围：该公司是著名的三维声学海流计制造商之一，其生产的三维声学矢量平均海流计在测量海流时不受仪器倾斜的影响，测流精度高，可配载温盐深传感器，适用于深海锚系测流作业。

联系方式：电话：(+1) 410-486-1848

传真：(+1) 410-486-1849

邮箱：info@nobskagroup.com

公司地址：美国史蒂文森市威尔顿大道 2011 号

公司网址：www.nobska.net

国内代理商：

（1）劳雷工业有限公司

（2）北京世纪浅海海洋气象仪器有限公司

49 美国 NavCom 公司

英文全称：NavCom Technology, Inc.

业务范围：该公司是成熟的 GPS 产品供应商之一。产品涵盖土地测量、航测、机器控制、军事和海洋工程。主要产品包括完整的双频 GPS（卫星定位仪，分离式定位仪等）、无线通信产品以及全球最广泛使用的全球卫星基站增强系统（GSBAS）—星火网络。

联系方式：电话：(+1) 310-381-2000

　　　　　　传真：(+1) 310-381-2001

公司地址：美国加利福尼亚州托兰斯市玛德罗纳大道 20780 号

公司网址：www.navcomtech.com

国内代理商：

（1）北京合众思壮科技股份有限公司

（2）杭州腾海科技有限公司

50 美国 Oceanic Imaging 公司

英文全称：Oceanic Imaging Corp.

业务范围：该公司是行业知名的沿海及深海远程控制传感器的生产商，产品包括卫星鱼群探测、沿岸水体污染远程成像、多频谱地理测绘、航空溢油检测等系统。已与美国宇航局、海洋与大气局、海军、环保局等多个单位进行合作。

联系方式：加利福尼亚州

　　　　　　电话：(+1) 858-792-8529

　　　　　　传真：(+1) 858-792-8761

　　　　　　邮箱：info@oceani.com

　　　　　　科罗拉多州

　　　　　　电话：(+1) 303-948-5272

　　　　　　传真：(+1) 303-948-2549

　　　　　　邮箱：info@oceani.com

公司地址：美国加利福尼亚州索拉纳海岸洛马斯圣达菲路 201 号 370 房间

美国科罗拉多州利托顿市西鲍尔斯大街 100 号

公司网址：www.oceani.com

国内代理商：劳雷工业有限公司

51 美国 Ocean Science 公司

英文全称：The Oceanscience Group

业务范围：该公司是著名的海洋水文测量设备供应商。主要产品包括水下探测器、Z 型船、Q 型船、系留船、海底平台（海蜘蛛、巴克纳尔）、夹式水面浮标装置固定件等。

联系方式：电话：(+1) 760-754-2400

传真：(+1) 760-754-2485

邮箱：info@oceanscience.com

公司地址：美国加利福尼亚州卡尔斯巴德市卡米诺维达罗布莱奥尔路 2245 号 100 室

公司网址：www.oceanscience.com

国内代理商：

（1）广州拓泰环境监测技术有限公司

（2）北京渠道科学器材有限公司

（3）杭州腾海科技有限公司

（4）北京世纪浅海海洋气象仪器有限公司

52 美国 OIS 公司

英文全称：Ocean Imaging Systems

业务范围：该公司是高质量海洋成像系统的设计制造商。主要产品包括：水下数码相机、闪光灯、沉积物分析相机、录像系统等成像仪器。

联系方式：电话：(+1) 508-548-0012

传真：(+1) 508-548-8806

邮箱：mast@marinesystems.com

公司地址：美国马萨诸塞州东法尔茅斯市技术园路 82 号

公司网址：www.oceanimagingsystems.com

国内代理商：无

53 美国 OceanServer 公司

英文全称：OceanServer Technology, Inc.

业务范围：该公司成立于 2003 年，致力于独一无二的嵌入式和 OEM 解决方案。产品涵盖电源、传感器和机器人等行业，生产有 AUV、电源管理系统、数字罗盘等仪器设备。

联系方式：电话：(+1) 508-678-0550

传真：(+1) 508-678-0552

邮箱：info@ocean-server.com

公司地址：美国马萨诸塞州

公司网址：www.ocean-server.com

国内代理商：杭州腾海科技有限公司

54 美国 Odom 公司

英文全称：Teledyne Odom Hydrographic

业务范围：该公司是美国海事集团的子公司，致力于为客户提供强大的海底成像和多波束测深仪系列产品。

联系方式：电话：(+1) 225-769-3051

传真：(+1) 225-766-5122

公司地址：美国路易斯安娜州

公司网址：odomhydrographic.com

国内代理商：广州中海达卫星导航技术股份有限公司

55 美国 OIC 公司

英文全称：Oceanic Imaging Consultants, Inc.

业务范围：该公司成立于 1993 年，是一家专业进行海底成像软件开发的公司，开发有 GeoDAS、CleanSweep 等水处理相关软件。

联系方式：电话：(+1) 808-539-3706

　　　　　　传真：(+1) 808-791-4075

　　　　　　邮箱：info@oicinc.com

公司地址：美国夏威夷

公司网址：www.oceanicimaging.com

国内代理商：无

56 美国 ODI 公司

英文全称：Teledyne ODI

业务范围：该公司是一家知名的海底光纤连接器、海底电气系统开发与制造商，开发的产品广泛应用于海上石油、天然气工业，海洋科学和国防。该公司产品包括水密接插件、水密连接器、干湿接插件、海底电源连接器、配电系统等。

联系方式：电话：(+1) 386-236-0780

　　　　　　传真：(+1) 386-236-0906

　　　　　　邮箱：odi@teledyne.com

公司地址：美国佛罗里达州

公司网址：www.odi.com

国内代理商：广州浩瀚电子科技有限公司

57 美国 Pacific Gype 公司

英文全称：Pacific Gyre, Inc.

业务范围：该公司主要产品有拉格朗日漂流浮标，GPS 浮标，全球通信 GPS 浮标，基站。

联系方式：电话：(+1) 760-433-6300

邮箱：info@pacificgyre.com

公司地址：美国加利福尼亚州欧申赛德市海洋路 3740 号 302 室

公司网址：www.pacificgyre.com

国内代理商：青岛领海海洋仪器有限公司

58 美国 R2Sonic 公司

英文全称：R2Sonic, LLC

业务范围：该公司主要产品是 SONIC 系列宽带多波束回声测深仪。它是一种利用多波束回声信号测量、绘制海底地形和水深的装置。SONIC 系统代表了当前世界最先进的水下声学技术和结构设计，在 500m 全量程范围内性能稳定、数据质量高、用户使用灵活方便。目前全球有超过 500 套 SONIC 系列产品工作在海洋、河流和湖泊中。

联系方式：电话：(+1) 512-891-0000

邮箱：r2sales@r2sonic.com

公司地址：美国德克萨斯州奥斯汀市工业橡树大道 5307 号 120 室

公司网址：www.r2sonic.com

国内代理商：劳雷工业有限公司

59 美国 Radiometrics 公司

英文全称：Radiometrics

业务范围：该公司是行业知名的陆基热动力学分析辐射仪的生产商，可应用于地表形态观测及大气气象观测等领域，是世界上最大的特种远程遥感仪器的生产商，在世界范围已售出 200 余台设备。

联系方式：电话：(+1) 303-449-9192

传真：(+1) 303-786-9343

邮箱：Info@radiometrics.com

公司地址：美国科罗拉多州博尔德市鹦鹉螺街 4909 号

公司网址：radiometrics.com

国内代理商：北京世纪浅海海洋气象仪器有限公司

60 美国 TRDI 公司

英文全称：Teledyne RD Instruments, Inc.

业务范围：该公司是全球最大的海洋技术公司之一，主要产品包括声学多普勒仪器研制、潜水导航系统、声纳成像等。

联系方式：电话：(+1) 858-842-2600

传真：(+1) 858-842-2822

邮箱：rdisales@teledyne.com

公司地址：美国加利福尼亚州圣地亚哥波维斯托路 14020 号

公司网址：www.rdinstruments.com

国内代理商：

（1）TRDI 公司上海分部

电话：021-58306939，传真：021-58305115

邮箱：lfan@teledyne.com

地址：上海浦东新区东方路 899 号假日酒店商务大厦 1311 室

（2）劳雷工业有限公司

（3）杭州腾海科技有限公司

61 美国 RODI Systems 公司

英文全称：RODI Systems Corp.

业务范围：该公司是一家水处理设备的设计和制造公司。主要产品包括化工给料系统，控制器和仪器，脱盐系统，污染密度指数仪（SDI 仪），水处理系统（如：

反渗透、纳米过滤和超过滤系统）等。自 2001 年起，为水处理行业供应超过 6000 套控制系统。

联系方式： 电话：(+1) 505-334-5865

传真：(+1) 505-334-5867

邮箱：info@rodisystems.com

公司地址： 美国新墨西哥州阿兹特克市 516 号路 936 号

公司网址： www.rodisystems.com

国内代理商：

（1）上海靖虎机电科技有限公司

（2）上海广创通用设备有限公司

62 美国 R.M.Young 公司

英文全称： R.M.Young Company

业务范围： 该公司主营精密气象仪器，主要产品包括风传感器、温度计、湿度计、降水量计、压力计、指示计等。

联系方式： 电话：(+1) 231-946-3980

传真：(+1) 231-946-4772

邮箱：met.sales@youngusa.com

公司地址： 美国密歇根州特拉弗斯市航空公园路 2801 号

公司网址： www.youngusa.com

国内代理商：

（1）青岛俊杨环境技术有限公司

（2）杭州腾海科技有限公司

63 美国 SeaBird 公司

英文全称： SeaBird Electronics, Inc.

业务范围： 该公司是全球最大的海洋温盐深、溶氧、压力测量仪器制造商，主要产品包括 CTD 测量仪、溶氧传感器、波 / 潮记录仪等。

联系方式：电话：(+1) 425-643-9866

邮箱：seabird@seabird.com

公司地址：美国华盛顿州贝尔维尤市东北 20 道街 13431 号

公司网址：www.seabird.com

国内代理商：劳雷工业有限公司

64 美国 Sippican 公司

英文全称：Lockheed Martin Sippican, Inc.

业务范围：该公司为世界相关国家海军和科研院所制造超过 600 万个一次性海水测温仪。主要产品包括电子战对抗系统、消耗性海洋仪器、气象仪器及相关数据收集系统、潜艇和飞机的通信及导航天线系统、反潜战训练的自动水下机器人。该公司是全球 70 多国无线电探空仪和高空处理系统的主要供应商。

联系方式：电话：(+1) 508-748-1160

传真：(+1) 508-748-3626

公司地址：美国马萨诸塞州马里昂市巴拿巴路 7 号

公司网址：www.sippican.com

国内代理商：北京世纪浅海海洋气象仪器有限公司

65 美国 Solar Light 公司

英文全称：Solar Light Company, Inc.

业务范围：该公司业务范围包括研究和工业用的照度测量设备、大气紫外线监测系统、太阳跟踪传感器、太阳能电池测试光源、通用光源和其他 OEM 产品等。研究级测量设备主要包括 PMA2100 测量仪、PMA2200 测量仪、DCS2.0 剂量控制器等；工业级产品包括明视 / 暗视表 SL-3101、UVA&UVB 表 3D 等。此外还提供紫外线测试、光谱扫描、光谱传播和反射测试等服务。

联系方式：电话：(+1) 215-517-8700

邮箱：info@solarlight.com

公司地址：美国宾夕法尼亚州格伦塞德大道 100 号

公司网址：www.solarlight.com

国内代理商：

（1）上海拜能仪器仪表有限公司

（2）北京世纪浅海海洋气象仪器有限公司

66 美国 SubChem 公司

英文全称：SubChem Systems Inc.

业务范围：该公司主要供应小型水下化学分析仪（SubChem Analyazer），目前与罗德岛州海洋科技中心、经济发展中心、美国大气与海洋管理局等单位合作并获得资金支持。

联系方式：电话：(+1) 401-783-4744

传真：(+1) 858-792-8761

邮箱：Hanson@subchem.com

公司地址：美国罗德岛州纳拉甘西特市码头路 65 号

公司网址：www.subchem.com

国内代理商：北京世纪浅海海洋气象仪器有限公司

67 美国 SyQwest 公司

英文全称：SyQwest Inc.

业务范围：该公司是全球最大的专业测深仪生产厂商之一，提供声纳等声学系统解决方案，主要设计生产高分辨率回声测深仪、侧扫声纳、浅底底层剖面仪、船速计程仪和其他海洋地球物理研究设备。在过去十年中为全球用户提供了 3000 套声纳系统。

联系方式：电话：(+1) 401-921-5170

传真：(+1) 401-921-5159

邮箱：marketing@syqwestinc.com

公司地址：美国罗德岛州华威市 1 区地铁中心大道 222 号

公司网址：www.syqwestinc.com

国内代理商：

（1）北京大洋经略科技有限公司

（2）青岛水德仪器有限公司

（3）广州浩瀚电子科技有限公司

（4）北京天顿工程设备有限公司

 68 美国 Sound Metrics 公司

英文全称：Sound Metrics Corporation

业务范围：该公司是全球最大的成像声纳设计和生产厂商之一，其声纳产品在成像清晰度、细节还原等方面都处于行业著名地位，为军工、水下建设、油气勘探等多个领域提供服务。主要产品包括分辨率自适应成像声纳（ARIS）、多频率识别声纳（DIDSON）及其配套软件。

联系方式：电话：(+1) 425-822-3001

邮箱：sales@soundmetrics.com

公司地址：美国华盛顿州贝尔维尤市诺萨普路 11010 号

公司网址：www.soundmetrics.com

国内代理商：

（1）上海恩州仪器股份有限公司

（2）上海地海仪器有限公司

 69 美国 SOSI 公司

英文全称：Sound Ocean Systems, Inc.

业务范围：该公司是一家设计、制造船用装卸设备和甲板设备的公司。设计和制造的系统包括：绞车，线性电缆发动机，发射和回收系统（LARS），外壳，吊艇架，起重机，滑轮，电缆管理系统和其他定制设备等。

联系方式： 电话：(+1) 866-484-7674

传真：(+1) 425-869-5554

邮箱：info@soundocean.com

公司地址： 美国华盛顿州雷蒙德市 NE 第 67 街 17455 号 120 室

公司网址： www.soundocean.com

国内代理商：

（1）北京天顿工程设备有限公司

（2）杭州腾海科技有限公司

70 美国 Subconn 公司

英文全称： SubConn Inc.

业务范围： 该公司是水下可插电插件的著名生产商，主要产品包括水密接插件，型号的针数包括常规的 2、3、4、5、6、7、8、9、12、16 以及 21 和 25，其类型有小型系列、标准圆形系列、薄型系列、非金属系列、金属外壳系列，铝系列和电源连接器。

联系方式： 电话：(+1) 781-829-4440

邮箱：mac-us@macartney.com

公司网址： www.subconn.com

国内代理商：

（1）广州浩瀚电子科技有限公司

（2）杭州腾海科技有限公司

71 美国 Sigma Space 公司

英文全称： Sigma Space Corp.

业务范围： 该公司是航天科技的领路者，也是华盛顿地区发展最快的仪器开发供应商之一。主要产品包括微脉冲激光雷达，多通道定标器，光子计数配件，协议转换器。历经近 20 年研发生产的 SigmaMPL，已经成为全世界最高端的微脉冲激光雷达产品之一，其用户遍布世界各地，总数近 100 余台。

联系方式： 电话：(+1) 301-552-6000

传真：(+1) 301-577-7383

邮箱：info@sigmaspace.com

公司地址： 美国马里兰州拉纳姆市福布斯大街 4600 号

公司网址： www.sigmaspace.com

国内代理商：

（1）北京世纪浅海海洋气象仪器有限公司

（2）顶点华信科技有限公司

72 美国 Sunburst Sensor 公司

英文全称： Sunburst Sensors, LLC

业务范围： 该公司的主要产品有自动流量表（ATF），超临界二氧化碳系统，水下固定锚自动仪表（SAMI）。

联系方式： 电话：(+1) 406-532-3246

传真：(+1) 406-532-3247

邮箱：info@sunburstsensors.com

公司地址： 美国蒙大纳州米苏拉市西百老汇街 1226 号

公司网址： www.sunburstsensors.com

国内代理商： 北京世纪浅海海洋气象仪器有限公司

73 美国 Sea Sciences 公司

英文全称： Sea Sciences, Inc

业务范围： 该公司于 1997 年在阿灵顿成立。主要负责设计和生产应用于矿产和淡水资源调查的便携式、一定范围可用的测量仪器。其主要产品是 Acrobat 水下拖体，该设备可搭载 CTD、叶绿素、浊度、DO、PH、PAR 等多参数和营养盐以及浮游生物计数器等相关设备。

联系方式： 电话：(+1) 781-643-1600

传真：(+1) 781-643-3850

邮箱：sales@seasciences.com

公司地址： 美国马萨诸塞州阿灵顿市马萨诸塞大道 40 号

公司网址： www.seasciences.com

国内代理商： 杭州腾海科技有限公司

74 美国 SonTek 公司

英文全称： SonTek Inc.

业务范围： 该公司为 100 多个国家提供先进的环境科学仪器，可靠的声学多普勒仪器，水速测量仪器，已广泛运用在海洋、江河、湖泊、运河、港口和实验室。

联系方式： 电话：(+1) 858-546-8327

传真：(+1) 858-546-8150

邮箱：inquiry@sontek.com

公司地址： 美国圣地亚哥萨默斯岭路 9940 号

公司网址： www.sontek.com

国内代理商：

（1）Xylem 中国总部

电话：021-22082888，传真：021-22082999

地址：上海市遵义路 100 号虹桥上海城 A 座 30 层

（2）Xylem 中国北京办事处

电话：010-9620898，传真：010-9620868

地址：北京市东城区白桥大街 15 号嘉禾国信 412 室

（3）培德国际有限公司

电话：(+852) 2827-9977

邮箱：Stephen.Wong@ptc.com.hk

地址：香港健康东街 39 号柯达大厦 2 座 1712

75 美国 SAIC 公司

英文全称： Science Applications International Corporation

业务范围： 该公司旨在为政府提供服务和信息技术支持，是由罗伯特·Beyster 于 1969 年创建，并于最近拆分为两家公司——SAIC 和 Leidos。

联系方式： 电话：(+1) 703-676-4300

公司地址： 美国弗吉尼亚州

公司网址： www.saic.com

国内代理商： 无

76 美国 SEAmagine 公司

英文全称： SEAmagine Hydrospace Corporation

业务范围： 该公司成立于 1995 年，是专业的小型商业潜艇和游览载人潜水器的制造商，公司所有的潜艇都通过了美国船级社认证。

联系方式： 电话：(+1) 909-626-6262

邮箱：info@seamagine.com

公司地址： 美国加利福尼亚

公司网址： www.seamagine.com

国内代理商： 无

77 美国 Triton 公司

英文全称： Triton Imaging Inc.

业务范围： 该公司是先进的海底地图测绘和水下成像软件的开发商，可以接收处理包括水平扫描声纳、多波束回声定位和海底地震分析仪等多种设备的信号数据，并进行分析、整合和成像。

联系方式： 电话：(+1) 831-722-7373

传真：(+1) 831-722-1405

邮箱：info@tritonimaginginc.com

公司地址：美国加利福尼亚州卡皮托拉市第 41 号大街 2121 号 211 房间

公司网址：www.tritonimaginginc.com

国内代理商：

（1）劳雷工业有限公司

（2）上海地海仪器有限公司

（3）无锡海鹰加科海洋技术有限公司

（4）北京美科天成科技发展有限公司

（5）广州浩瀚电子科技有限公司

78 美国 Teledyne BlueView 公司

英文全称：Teledyne BlueView, Inc.

业务范围：该公司提供的水下声学视觉与测量解决方案，使得水下作业安全、可靠、准确、高效。公司生产的水下三维全景成像声纳系统可部署在水下机器人、遥控潜水器、水面舰艇、固定位置和便携式平台。

联系方式：电话：(+1) 425-492-7400

传真：(+1) 425-492-7401

邮箱：casey.hendrickson@teledyne.com

公司地址：美国华盛顿州博塞尔市北克里克公园路 18702 号 100 室

公司网址：www.blueview.com

国内代理商：劳雷工业有限公司

79 美国 Triton Submarines 公司

英文全称：Triton Submarines

业务范围：该公司成立于 2007 年，是美国潜艇公司的子公司，是全球著名的载人潜水器公司之一，公司致力于生产游览潜艇。

联系方式：电话：(+1) 772-770-1995

传真：(+1) 772-770-1395

邮箱：marc@tritonsubs.com

公司地址：美国佛罗里达

公司网址：www.tritonsubs.com

国内代理商：无

80 美国 Trimble 公司

英文全称：Trimble Navigation Ltd.

业务范围：该公司在涉及 GPS 技术开发和实际应用方面处于行业知名地位，拥有超过 512 项已注册 GPS 专利。拥有 GPS、激光、光学和惯性导航、无线通信等定位技术。主要产品包括 VRS 虚拟参考站，激光产品，全站仪，光学测绘产品以及 3D 绘图软件 Sketchup。超过 150 个国家应用该公司产品。

联系方式：电话：(+1) 408-481-8000

邮箱：webmaster@trimble.com

公司地址：美国加利福尼亚州森尼韦尔市斯图尔特路 935 号

公司网址：www.trimble.com

国内代理商：

（1）北京代表处

电话：010-88577575，传真：010-88577161

地址：北京朝阳区光华东里 8 号院中海广场中楼 20 层

（2）北京美科天成科技发展有限公司

（3）杭州腾海科技有限公司

81 美国 Thermo Scientific 公司（原美国奥立龙公司）

英文全称：Thermo Fisher Scientific Inc.

业务范围：该公司是世界上著名的电化学产品制造商。被 Thermo Fisher

Scientific Inc. 收购后，更名 Thermo Scientific，其实验室产品主要包括酸度计、电导率仪、离子计、电极等，其在线产品包括钠表、氯表、溶氧表、pH 表、硅表等。

联系方式：电话：(+1) 800-225-1480

公司地址：美国马萨诸塞州华尔顿市怀曼街 81 号

公司网址：www.thermoscientific.com

国内代理商：

（1）上海肯强仪器有限公司

电话：021-65168069，传真：021-55388125

邮箱：lx17_98180@163.com

地址：上海市宝山区电台路 398 弄 17 号 201 室

（2）浙江赛因科学仪器有限公司

电话：0577-88394813/88669518，传真：0577-88394803

邮箱：webmaster@saiyin.com

地址：浙江省温州市车站大道裕达大厦 1 号楼 704 室

（3）北京宏昌信科技有限公司

电话：010-82752485802，传真：010-82752485816

地址：北京市朝阳区清河营东路 2 号院 2 号楼乐想汇 1111 室

 82 美国 Webb 公司

英文全称：Teledyne Webb Research

业务范围：该公司主营中性浮标、自主漂流浮标及探测器，自主水下滑翔机，系泊水下声源等。

联系方式：电话：(+1) 508-548-2077

邮箱：webbresearch@teledyne.com

公司地址：美国马萨诸塞州北法尔茅斯市艾杰顿大道 49 号

公司网址：www.webbresearch.com

国内代理商：上海地海仪器有限公司

83 美国 Woods Hole 集团

英文全称：Woods Hole Group, Inc.

业务范围：该公司是一家国际环境、科学、工程咨询机构，是世界上最大私立非盈利性质的海洋工程教育研究机构，总部设在马萨诸塞州法尔茅斯。主要集中在应用科学和工程环境政策领域，拥有多样化的客户，如联邦政府部门（美国国家海洋和大气局与美国陆军工程兵部队 USACE），地方政府和私人部门等。公司已经完成了超过两千个项目，包括沿海科学、工程和规划项目，海洋学和测量系统项目，环境评估和环境治理项目。

联系方式：电话：(+1) 508-540-8080

传真：(+1) 508-540-1001

邮箱：inquiries@woodsholegroup.com

公司地址：美国东法尔茅斯市技术公园路 81 号

公司网址：www.whgrp.com

国内代理商：无

84 美国 WHOI 海洋研究所

英文全称：Woods Hole Oceanographic Institution

业务范围：近一个世纪以来，伍兹霍尔海洋研究所已成为海洋科学和探索的最有名的品牌之一。伍兹霍尔海洋研究所的资源包括世界一流的科学家和工程师，并获得私人和公共资金资助。

联系方式：电话：(+1) 508-289-2252

邮箱：first-initial-last-name@whoi.edu

公司地址：美国马萨诸塞州法尔茅斯伍兹霍尔

公司网址：www.whoi.edu

国内代理商：无

85  美国 WETLabs 公司

英文全称： WETLabs

业务范围： 该公司是世界著名的水下仪器制造商，产品包括水质监测仪、营养盐传感器、荧光光度计、散射传感器、水下透射计、分光光度计、生物发光测量仪等。WQM 型水质监测仪可同时获取温度、盐度、深度、溶解氧、叶绿素、浊度及后向散射数据，具有长期防污染、精度高、稳定可靠等特性。

联系方式： 电话：(+1) 541-929-5650
邮箱：sales@wetlabs.com

公司地址： 美国俄勒冈州菲罗麦斯市阿普尔盖特街 620 号

公司网址： www.wetlabs.com

国内代理商：

（1）劳雷工业有限公司

（2）北京世纪浅海海洋气象仪器有限公司

86 美国 Xylem 公司

英文全称： Xylem Inc.

业务范围： 该公司是世界上最大的水及污水处理解决方案供应商，主营水解决方案，分析仪器和应用水系统，主要产品包括泵和配件、分析仪器、控制器、水处理解决方案等。

联系方式： 电话：(+1) 914-323-5700
传真：(+1) 914-323-5800

公司地址： 美国纽约州拉伊布鲁克市国际大道 1 号

公司网址： www.xyleminc.com

国内代理商： Xylem 中国办事处

电话：021-22082888，传真：021-22082999

客户服务：400-820-3906

地址：上海市遵义路 100 号虹桥上海城 A 座 30 层

87 美国 YSI 公司

英文全称： YSI Incorporated

业务范围： 该公司作为国际上知名的水质、流速和流量测量、监测仪器制造商，业务涵盖地表水、地下水、海洋/沿海、水产养殖、废水和生命科学等领域。拥有 YSI 和 SonTek 两个品牌，其生产线主要有四条，分别是 YSI 水质分析仪、YSI 水质测量系统、SonTek 声学多普勒流速测量仪和 YSI 集成系统。服务的领域包括海洋与陆地地表水的水质检测与监测、地下水检测与监测、海洋波浪和海流测量、河流流速、流量测量、环保监测、水产养殖、污水排放监测、河口咸潮预警监测、工程水文测量以及其他工业领域内水质检测与监测。

联系方式： 电话：(+1) 937-767-7241/800-765-4974

传真：(+1) 937-767-9353

公司地址： 美国俄亥俄州黄温泉市布兰纳姆道 1700/1725 号

公司网址： www.ysi.com

国内代理商：

（1）中国办事处

电话：010-59755687，传真：010-59755677

邮箱：beijing@ysi-china.com

地址：北京市经济技术开发区科创十四街 99 号汇龙森科技园内 18 栋一层 2 单元 101 室

（2）德祥科技有限公司

电话：852-27592182，传真：852-27583830

邮箱：info@tegent.com.cn

地址：香港九龙官塘鸿图道 26 号威登中心 2602-2605 室

（3）东南科仪

电话：020-66618088/83510088/83510550

传真：020-83510388

地址：广州市天河北路华庭路 4 号富力天河商务大厦 1506-07

88 美国 YES 公司

英文全称：Yankee Environmental Systems, Inc.

业务范围：该公司是一家世界知名的气象仪器生产公司，尤其以生产定标或校准级别的高精度产品而闻名。主要产品包括无线电探空仪，多波段旋转遮光光谱仪，全天空成像仪等。该公司重点利用最新的光电技术，为环境和气象业务研究提供设备和仪器。

联系方式：电话：(+1) 413-863-0200

传真：(+1) 413-863-0255

邮箱：info@yesinc.com

公司地址：美国马萨诸塞州特那尔斯佛斯市工业大道 101 号航空工业园内

公司网址：www.yesinc.com

国内代理商：

（1）北京世纪浅海海洋气象仪器有限公司

（2）上海胤旭机电设备有限公司

89 美国 ZLS 公司

英文全称：ZLS Corporation

业务范围：该公司由 Lacoste 博士创办，在原有美国 Lacoste 公司产品的基础上结合计算机技术、网络技术及最先进的电子技术，开发了世界上最前沿、最实用、最高效的集成性高精度重力仪。

联系方式：电话：(+1) 512-453-0288

传真：(+1) 512-453-0095

邮箱：info@zlscorp.com

公司地址：美国德克萨斯州

公司网址：www.zlscorp.com

国内代理商：北京桔灯导航科技发展有限公司

90 美国哈希公司

英文全称： Hach Company

业务范围： 该公司成立于1947年，是全球知名的水质分析解决方案提供商。产品包括实验室分析仪、便携式分析仪以及在线分析仪、水质自动采样器、流量计等，致力于为纯水／超纯水、饮用水、市政污水、工业废水、工业循环水、环境监测以及高校科研等各个领域的用户提供最优的水质监测解决方案。

联系方式： 电话：(+1) 800-227-4224

传真：(+1) 970-669-2932

邮箱：techhelp@hach.com

公司地址： 美国科罗拉多州拉夫兰市林德伯格路5600号

公司网址： www.hach.com

国内代理商：

（1）哈希中国

电话：400-686-8899 / 800-840-6026

客服邮箱：cccsupport@hachservice.com

—北京办事处

电话：010-65150290，传真：010-65150399

地址：北京建国门外大街22号赛特大厦23层

（2）杭州腾海科技有限公司

91 美国亚奇科技公司（RTI）

英文全称： Rowe Technologies, Inc.

业务范围： 该公司主要研发、制造、销售水下声纳系统，主要产品包括直读式海流剖面仪、自包含海流剖面仪、导航仪、河流流量计和水文仪等。

联系方式： 电话：(+1) 858-842-3020

传真：(+1) 858-842-3021

邮箱：sales@rowetechinc.com

service@rowetechinc.com

公司地址：美国加利福尼亚州宝威市丹尼尔森街 12655 号 306 室

公司网址：www.rowetechinc.com

国内代理商：

（1）美国亚奇科技公司上海办事处

电话：021-57756885，传真：021-57736883

邮箱：cfang@rowetechinc.com

地址：上海市松江区莘砖公路 518 号 11 号楼 701 室

（2）上海泛际科学仪器有限公司

92 美国夏威夷大学

英文全称：The University of Hawaii

业务范围：夏威夷大学的主校区位于 Manoa Valley（孟诺雅）山谷，这里拥有最大规模和最先进的教学设施，是一所具备国际水平的研究性大学。

联系方式：电话：(+1) 808-956-8111

公司地址：美国夏威夷

公司网址：www.hawaii.edu

国内代理商：无

93 美国 Phoenix International 公司

英文全称：Phoenix International Holdings, Inc.

业务范围：该公司是一家海洋服务公司，提供水下工程和作业方案。主要产品包括遥控水下机器人（ROV），常压潜水系统（ADS），蓝鳍-21 自主水下航行器（AUV），以及空气和混合气潜水系统等。其他产品有拖车，索具和起重设备，水下焊接和无损检测设备，专用工具等。

联系方式：电话：(+1) 301-341-7800

传真：(+1) 301-499-0027

邮箱：plehardy@phnx-international.com

公司地址：美国马里兰州拉戈市西拉戈车道 9301 号

公司网址：www.phnx-international.com

国内代理商：无

 94 美国杜邦公司

英文全称：DuPont

业务范围：该公司创办于 1802 年 7 月，早期是制造火药的工厂，现在是世界第二大的化工公司。在 20 世纪带领聚合物革命，并开发出了不少极为成功的材料，比如：Vespel、氯丁二烯橡胶（neoprene）、尼龙、有机玻璃、特富龙（Teflon）、迈拉（Mylar）、凯芙拉（Kevlar）、M5fiber、Nomex、可丽耐（Corian）及特卫强（Tyvek）。杜邦亦在冷冻剂工业有重要角色，开发及生产氟利昂（Freon, CFC）系列，及其后对环境保护性更高的冷冻剂。杜邦在颜色工业领域创制了合成色素及油漆（Chroma Flair）。

公司网址：www.dupont.com

国内代理商：杜邦中国集团有限公司

上海办事处电话：021-38622888

北京办事处电话：010-85571000

 95 加拿大 AXYS 公司

英文全称：AXYS Technologies Inc.

业务范围：该公司是一家通过 ISO9001 认证的加拿大公司，拥有超过 38 年的设计、制造和安装远程环境监测系统的经验。将知识和经验应用到海洋、淡水、陆地上的监测站，以及海上风资源评估系统。此外，还提供现场技术服务、培训和支持客户在成功运营和维护他们的产品。主要产品有浮标、陆地台站等。

联系方式：电话：(+1) 250-655-5850

邮箱：info@axys.com

公司地址：加拿大不列颠哥伦比亚悉尼磨房路

公司网址：www.axystechnologies.com

国内代理商：

（1）上海精导科学仪器有限公司

（2）北京博海瑞达科技发展有限公司

（3）杭州腾海科技有限公司

96 加拿大 ASL 公司

英文全称：ASL Environmental Sciences

业务范围：该公司是知名的环境科学仪器制造商，在海洋、声学、冰研究方面拥有丰富的经验，主要产品：水体声学剖面监测仪、水体冰质剖面仪、波浪剖面仪。

联系方式：电话：(+1) 877-656-0177

邮箱：formmail@aslenv.com

公司地址：加拿大维多利亚拉结普尔广场 6703 号

公司网址：www.aslenv.com

国内代理商：

（1）上海精导科学仪器有限公司

（2）上海瑾瑜国际集团（亚太）有限公司

（3）杭州腾海科技有限公司

97 加拿大 AML 公司

英文全称：AML Oceanographic Ltd.

业务范围：该公司是专业从事海洋测量级传感器的生产厂家，生产的 CTD、声速仪以其高精度、高可靠性闻名世界，产品线包括 Smart.X、Minos.X、Micro.X、Plus.X 系列温盐深仪 / 声速剖面仪，用于实时在线或自溶式温盐深 / 声速测量，测量参数包括电导率、温度、深度、盐度和密度。

联系方式：电话：(+1) 250-656-0771

传真：(+1) 250-655-3655

公司地址：加拿大温哥华岛悉尼市马拉维耶路 2071 号

公司网址：www.amloceanographic.com

国内代理商：

(1) 上海瑾瑜国际集团（亚太）有限公司

(2) 上海地海仪器有限公司

(3) 北京天顿工程设备有限公司

98 加拿大 Bedford 海洋研究所

英文全称：Bedford Institute of oceanography

业务范围：该研究所始建于1962年，位于加拿大的东海岸新斯科舍省达特茅斯市，隶属于加拿大海洋渔业部。研究范围非常广，包括物理海洋，气候变化，海洋生态，海洋化学，海洋地质，海洋观测仪器研发等。

联系方式：

—加拿大海洋渔业部

  电话：(+1) 902-426-2373

  传真：(+1) 902-426-8484

  邮箱：WebmasterBIO-IOB@dfo-mpo.gc.ca

—加拿大地质调查所（亚特兰大）

  电话：(+1) 902-426-2730

  传真：(+1) 902-426-1466

  邮箱：WebmasterBIO-IOB@dfo-mpo.gc.ca

公司地址：加拿大新斯科舍省达特茅斯市

公司网址：www.bio.gc.ca

99 加拿大 CMG 公司

英文全称：Canadian micro gravity Ltd.

业务范围：该公司是位于多伦多的地球物理研究和开发公司，专注于移动重力仪在石油和矿产勘查业的商业化。生产有 GT 系列重力仪。

联系方式：电话：(+1) 905-727-8886

传真：(+1) 905-727-8845

邮箱：info@canadianmicrogravity.com

公司地址：加拿大安大略省多伦多市

公司网址：www.canadianmicrogravity.com

国内代理商：

（1）艾德海洋科技集团（香港）有限公司

（2）吉祥天地科技有限公司

（3）北京中地航星科技有限公司

100 加拿大 Caris 公司

英文全称：Caris

业务范围：该公司是行业知名的海用地理信息软件开发商，提供远程声纳回显信息及数据的处理程序，公司提供培训、咨询和科技服务。目前已向 90 多个国家提供服务。

联系方式：电话：(+1) 506-458-8533

传真：(+1) 506-458-8533

公司地址：加拿大新不伦瑞克省弗雷德里顿瓦格纳斯巷 115 号

公司网址：www.caris.com

国内代理商：劳雷工业有限公司

101 加拿大 Hemisphere 公司

英文全称：Hemisphere GNSS

业务范围：该公司主要生产精密定位产品，应用于包括海洋测量、导航、GIS 数据采集、制图、航道疏浚、机械控制以及其他需要实时厘米级或亚米级精度的领域等。主要产品包括 Crescent OEM 板卡（多功能 DGPS 接收模块），Crescent vector II OEM 板卡（增强型定位定向模块），Eclipse P302 和 P303 OEM 模块，Eclipse P320 GNSS OEM 模块，高精度接收机，定向和定位智能模块，通用导航定向和定位智能天线等。

联系方式：电话：(+1) 480-348-6380

邮箱：Precision@HemisphereGNSS.com

公司地址：美国亚利桑那州斯科茨代尔市北 90 街 8444 号

公司网址：www.hemispheregps.com

国内代理商：

（1）上海 E-compass 科技有限公司

（2）杭州腾海科技有限公司

（3）北京远航信通科技有限公司

102 加拿大 Imagenex 公司

英文全称：Imagenex Technology Corp.

业务范围：该公司是声纳技术行业的知名公司之一，其声纳系统为全球设定了工业标准。主要产品包括 RGB 侧扫声纳，Yellow Fin 侧扫声纳，Sport Scan 侧扫声纳，Delta T 方位驱动，BFS 数字成像声纳，BFS 紧凑型数字成像声纳，数字回声探深仪等。

联系方式：电话：(+1) 604-944-8248

传真：(+1) 604-944-8249

邮箱：imagenex@shaw.ca

公司地址：加拿大英属哥伦比亚省高贵林港 1875 百老汇街 209 号

公司网址：www.imagenex.com

国内代理商：劳雷工业有限公司

103 加拿大 Knudsen 公司

英文全称： Knudsen Engineering Limited

业务范围： 该公司产品包括单频、多频宽幅声换能器，第三方软件、GPS、重力补偿器、热打印器，用于浅水区域、深海区域的探测。

联系方式： 电话：(+1) 613-267-1165

传真：(+1) 613-267-7085

邮箱：info@knudseneng.com

公司地址： 加拿大安大略省佩斯市工业路 10 号

公司网址： www.knudsenengineering.com

国内代理商：

（1）南方卫星导航

（2）劳雷工业有限公司

 ## 104 加拿大 Kraken 公司

英文全称： Kraken Sonar Systems, Inc.

业务范围： 该公司世界最知名的合成孔径声纳制造商之一，主要产品：可以安装于水下 AUV 的系列声纳（inSAS 和 minSAS），水下拖体（Towed body），水面无人船（USV），在军事、海洋科研、海洋勘测、海洋工程等领域有广阔的市场。

联系方式： 电话：(+1) 709-757-5757

传真：(+1) 709-757-5858

邮箱：info@krakensonar.com

公司地址： 加拿大圣约翰市港口公路 50 号

公司网址： www.krakensonar.com

国内代理商： 青岛领海海洋仪器有限公司

105 加拿大 MetOcean 公司

英文全称：MetOcean

业务范围：该公司自 1985 年来一直设计和生产世界先进的海洋漂流浮标和分析器。作为一家设计和制造多种漂流浮标和环境监测平台的公司，MetOcean 同时也生产世界著名的 NovaTech 信标、光标以及相应的卫星定位产品等。生产的漂流浮标主要面向环境监测、溢油监测、搜救行动等应用，其相应的产品也主要包括 NOVA 剖面浮标、Argos 漂流浮标，铱卫星漂流浮标（iSVP），CAD 冰上浮标，CALIB 空投式极地浮标，IB 极地浮标，IMB 冰盖监测浮标，POPS 极地海洋剖面系统。

联系方式：电话：(+1) 902-468-2505

邮箱：robyn@metocean.com

公司地址：加拿大新斯科舍省达特茅斯特霍西尔路 21 号

公司网址：www.metocean.com

国内代理商：北京世纪浅海海洋气象仪器有限公司

 ## 106 加拿大 Marine Magnetics 公司

英文全称：Marine Magnetics Corp.

业务范围：该公司世界上最专业的核磁共振海洋磁力仪的生产厂家之一，生产针对海洋水文磁力探测的高精度等级设备，在全球范围内用于军队、海事、海洋救助打捞以及水下考古等机构部门，是目前性价比最高的磁力仪设备之一。主要产品包括海洋磁力仪、微型海洋磁力仪、聚合传感器梯度仪以及磁力仪基站等。

联系方式：电话：(+1) 905-479-9727

传真：(+1) 905-479-9484

邮箱：rebecca@marinemagnetics.com

公司地址：加拿大安大略省万锦市斯白库尔街 135 号

公司网址：www.marinemagnetics.com

国内代理商：

（1）青岛水德仪器有限公司

（2）广州慧洋信息科技有限公司

（3）北京天顿工程设备有限公司

 107 加拿大 Ocean Sonics 公司

英文全称：Ocean Sonics Ltd.

业务范围：该公司是一个加拿大海洋技术公司，致力于设计和制造世界上最好的数码音响聆听工具——数字水听器，产品包括水听器、声源等。

联系方式：电话：(+1) 902-655-3000

传真：(+1) 902-655-3001

邮箱：Support@OceanSonics.com

公司地址：加拿大新斯科舍省

公司网址：www.oceansonics.com

国内代理商：和成系统公司

 108 加拿大 ODIM Spectrum 公司

英文全称：ODIM Spectrum Ltd.

业务范围：该公司在海军水文系统、近海油气探测等领域处于知名地位。主要产品包括拖曳声纳绞车系统，甲板机械，缆绳张力控制装置等。

联系方式：电话：(+1) 705-743-9249

传真：(+1) 705-743-8003

邮箱：info@rolls-royce.com

公司地址：加拿大安大略省彼得伯勒市皇后大街 597 号

公司网址：www.odimspectrum.com

国内代理商：劳雷工业有限公司

109 加拿大 ODIM Brooke Ocean 公司

英文全称： ODIM Brooke Ocean

业务范围： 该公司是劳斯莱斯公司的子公司，设计制造用于海洋科学、航海、能源等领域的水下仪器设备，公司专长是恶劣海洋环境下操作系统和设备的设计与制造，主要产品是水下发射和回收系统（LARS），用于部署和回收水下设备，其他产品包括世界知名的走航式和定点海洋剖面测量系统等。

联系方式： 电话：(+1) 902-468-2928
　　　　　　邮箱：salesrrc@rolls-royce.com

公司地址： 加拿大新斯科舍省达特茅斯市温德米尔路 461 号

公司网址： www.brooke-ocean.com

国内代理商： 劳雷工业有限公司

110 加拿大 Pro-Oceanus 公司

英文全称： Pro-Oceanus Systems Inc.

业务范围： 该公司主要产品有水下二氧化碳仪、海气 CO_2 仪、水下总气体压力综合仪、水下甲烷测量仪，水下硫化氢测量仪。

联系方式： 电话：(+1) 902-530-3550
　　　　　　传真：(+1) 902-530-3551

公司地址： 加拿大新斯科舍省布里奇沃特市宜人街道 80 号

公司网址： www.pro-oceanus.com

国内代理商： 青岛领海海洋仪器有限公司

111 加拿大 RBR 公司

英文全称： Richard Brancker Research Ltd.

业务范围： RBR 公司主要产品有 XR-620 系列多参数水质剖面仪，温盐深剖面仪

(XR-620 CTD)，温盐深仪（XR-420 CTD），温盐仪（XR-420 CT），自计式潮位仪（TGR-2050），实时遥报潮位仪（TGR-1050 HT），波潮仪（TWR-2050），深海水位计（XR-420 SBR），温度链（T8、T16、T24），温深仪（TDR-2050），水温仪（TR-1050），水深仪（DR-1050），浊度剖面仪（XR-420 TDTu），溶氧仪（DO-1050，XR-420 DO），叶绿素仪（XR-420 Flc），光量子仪（XR-420 PAR），小型盐度仪（MS-310），波高仪（WG-50），海洋监测浮标（DBC-100）。

联系方式： 电话：（+1）613-599-8900

邮箱：info@rbr-global.com

公司地址： 加拿大安大略省海因斯路对面 5 单元 95 号

公司网址： www.rbr-global.com

国内代理商：

（1）加拿大 RBR 公司中国办事处

—青岛办事处

电话：0532-83881510，传真：0532-83881090

邮箱：info@rbr.cn

地址：青岛市盐城路 8 号馨港大厦 2705 室

—上海办公室

电话：021-31200218，传真：021-61070745

邮箱：zhiyuanjd@163.com

地址：上海市普陀区中山北路 1759 号浦发广场

（2）青岛领海海洋仪器有限公司

112 加拿大 ROMOR 公司

英文全称： ROMOR Ocean Solutions

业务范围： 该公司的主要产品是 C-ROM 海底布放回收底座，海洋传感器和海洋系泊设备，水文和地球物理调查传感器和 GPS 定位系统，高分辨三维实时声纳，水下机器人，实时视频增强系统，水下连接器，以及仪器租赁。

联系方式： 电话：（+1）902-466-7000

传真：（+1）902-466-4880

邮箱：info@aquavision.nl

公司地址：加拿大新斯科舍省达特茅斯市瑞戴尔大道 10 单元 51 号

公司网址：www.romor.ns.ca

国内代理商：青岛领海海洋仪器有限公司

113 加拿大 Satlantic 公司

英文全称：Satlantic L.P.

业务范围：该公司是海洋领域的知名公司，主要产品有水环境长期实时监测网络（水质浮标、海底监测站、岸基站、河流浮标）、水下硝酸盐测量仪、海洋酸碱度 pH 仪、活体叶绿素荧光分析仪（实验室型、水下现场型）、自由落体式水下高光谱剖面仪（水色剖面仪）、海面高光谱仪、光谱传感器、生物光学剖面测量系统。

联系方式：电话：(+1) 902-492-4780

传真：(+1) 902-492-4781

公司地址：加拿大哈利法克斯市里士满 9 号码头，北部边缘路 3481 号

公司网址：www.satlantic.com

国内代理商：青岛领海海洋仪器有限公司

114 加拿大 Shark Marine 公司

英文全称：Shark Marine Technologies Inc.

业务范围：该公司自 1984 年以来，一直是水下作业设备的行业先导者之一，致力于提供创新的技术产品和服务，主要产品包括声纳成像与导航系统、视频系统、ROV 系统、调查显示设备与其他水下作业设备的定制与制作。

联系方式：电话：(+1) 905-687-6672

公司地址：加拿大安大略省凯瑟琳街 4-23 号

公司网址：www.sharkmarine.com

国内代理商：北京大洋经略科技有限公司

115 加拿大 Xeostech 公司

英文全称：Xeos Technologies Inc.

业务范围：该公司致力为科学界提供最好的数据采集解决方案，包括卫星、高频、超高频、GPS 和低功耗的无线模块集成。主要产品有浮标和水下潜标信标（无线电、LED、铱星、GPS）。

联系方式：电话：(+1) 902-444-7650
　　　　　　传真：(+1) 902-444-7651
　　　　　　邮箱：sales@xeostech.com

公司地址：加拿大达特茅斯市颠覆大道 36 号

公司网址：www.xeostech.com

国内代理商：青岛领海海洋仪器有限公司

 116 加拿大国际潜艇工程有限公司（ISE）

英文全称：International Submarine Engineering Ltd.

业务范围：该公司进行自主和遥控机器人和地面机器人的设计与集成。主要业务包括：研发和制造海底作业遥控机器人（ROV），研发海洋石油行业的海底系统，研发和制造液压、电动和气动机械手，核应用机器人系统，研发自定义遥控轮式和自主机器人系统，通信和实时控制系统，研发和制造自主水下航行器，研发、制造和维护载人潜水器，研发公共部门使用的海底系统等。

联系方式：电话：(+1) 604-942-5223
　　　　　　传真：(+1) 604-942-7577
　　　　　　邮箱：info@ise.bc.ca

公司地址：加拿大高贵林港百老汇街 1734 号

公司网址：www.ise.bc.ca

国内代理商：无

117 德国 ARGUS 公司

英文全称： ARGUS Gesellschaft für Umweltmeßtechnik mbH

业务范围： 该公司是知名的阀门制造商，在化工、石化和石油天然气行业享有盛誉，核心产品为高耐磨球阀，激光边界层悬浮物剖面测量仪。

联系方式： 电话：(+49) 4292-992335

传真：(+49) 4292-992365

邮箱：info@argusnet.de

公司地址： 德国瑞特胡德市歌德路 35 号

公司网址： www.argusnet.de

国内代理商：

（1）希而科贸易（上海）有限公司

（2）青岛领海海洋仪器有限公司

（3）北京因科思国际贸易有限公司

118 德国 Atlas Elektronik 公司

英文全称： Atlas Elektronik GmbH

业务范围： 该公司是一家水下技术公司，业务范围包括潜艇系统、水雷战系统、水面战舰、无人水下运载工具以及海上安全和保障系统，产品包括回声探测仪，底质剖面仪，辅助传感器如 GPS 接收器，声速仪器或惯性系统以及数据采集和后处理软件组成的综合测量传感器系统。

联系方式： 电话：(+49) 4347-714142

传真：(+49) 4347-714110

邮箱：info@atlas-elektronikweb.com

公司地址： 德国不莱梅市斯巴斯布克街 235 号

公司网址： www.atlas-elektronik.com

国内代理商： 无锡市海鹰加科海洋技术有限责任公司

119 德国 BGGS 公司

英文全称： Bodensee gravimeter geosystem gmbh

业务范围： 该公司是一家德国专业的重力仪研制生产厂家，生产有 KSS 系列海洋重力仪。

联系方式： 电话：(+49) 3069-2015070
　　　　　　 传真：(+49) 3069-2015079
　　　　　　 邮箱：kontakt@go2pl.de

公司地址： 德国柏林

公司网址： www.germany.companies2.net

国内代理商： 无

120 德国 CONTROS 公司

英文全称： CONTROS Systems & Solutions

业务范围： 该公司制造并销售海底气体测量和环境监测系统。主要产品包括：水下二氧化碳、甲烷、多环芳烃传感器，溢油检测系统等。

联系方式： 电话：(+49) 4312-6095900
　　　　　　 传真：(+49) 4312-6095901
　　　　　　 邮箱：contact@contros.eu

公司地址： 德国基尔市魏霍夫施特拉斯 1 号

公司网址： www.contros.eu

国内代理商： 劳雷工业有限公司

121 德国 Elac 公司

英文全称： L-3 Elac Nautik

业务范围： 该公司生产有声纳系统、回声水下链接系统，用于民用与军方使用。

063

产品主要包括声纳系统、回声收集器、水下通信系统、换能器、波束测深系统等，以及配套软件。

联系方式： 电话：(+49) 4318-830

传真：(+49) 4318-83496

邮箱：elac.marketing@L-3com.com

公司地址： 德国基尔市纽菲尔德街 10 号

公司网址： www.elac-nautik.de

国内代理商： 劳雷工业有限公司

122 德国 Evologics 公司

英文全称： Evologics

业务范围： 该公司是一家德国的高科技企业，成立于 2000 年，拥有一批国际著名的科学家和研发专家，通过工程和生命科学相结合，开发出了用于航天、航海和海上工业工程的创新性关键技术。公司生产的 S2CR USBL 超短基线水下定位系统能够提供精确的 USBL 跟踪和全双工数字通信功能，实现了其卓越全面理想的性能，能够提供优良、全方位、适用于多种应用场景并且空间、能源和花费需求少的解决方案。

联系方式： 电话：(+49) 3046-798620

传真：(+49) 3046-7986201

邮箱：sales@evologics.de

公司地址： 德国柏林艾克儿街 76 号

公司网址： www.evologics.de

国内代理商：

（1）劳雷工业有限公司

（2）青岛水德仪器有限公司

（3）广州浩瀚电子科技有限公司

123 德国 Fielax 公司

英文全称：Fielax Gesellschaft für wissenschaftliche Datenverarbeitung mbH

业务范围：该公司为海洋科学和技术提供服务和产品，包括科学数据管理、IT技术服务、热流探针产品、ROV服务和海上调查。该公司将热流探头的功能部件和VKG6型振动采样管结合在一起，对海底沉积物（一般是浅海、沿海或大陆架海域）的原位温度和热导系数进行测量研究。该工艺的应用并不仅仅局限于软沉积物条件，也可将其应用在气水混合物层、冻土层及沙土层等极端环境。

联系方式：电话：(+49) 4713-00150
　　　　　　传真：(+49) 4713-001522
　　　　　　邮箱：info@fielax.de

公司地址：德国不莱梅哈芬市思科尤森路14号

公司网址：www.fielax.com

国内代理商：
（1）青岛水德仪器有限公司
（2）青岛国科海洋环境工程技术有限公司

124 德国 Franatech 公司

英文全称：Franatech GMBH

业务范围：该公司主要产品包括水下甲烷测量仪、水下 H_2 测量仪、水下 CO_2 测量仪，水下氧气传感器，以及硫化氢探测仪等。

联系方式：电话：(+49) 4131-603887
　　　　　　传真：(+49) 4131-603885
　　　　　　邮箱：info@franatech.com

公司地址：德国吕内堡市马驰路8号

公司网址：www.franatech.com

国内代理商：青岛领海海洋仪器有限公司

125 德国 Geopro 公司

英文全称：Geopro

业务范围：该公司是一家知名的国际勘探公司，从 1994 年开始为石油行业和政府机构提供多种物探服务。该公司的海洋底部地震仪是深水油气勘探领域的有效测震工具；在内陆环境，该公司地震检波器可有效地提供垂直和水平测量结果，另有可用于沙漠、丛林、零度下等不同环境的测震仪。

联系方式：电话：(+49) 4030-399576

邮箱：info@geopro.com

公司地址：德国汉堡市

公司网址：www.geopro.com

国内代理商：北京天顿工程设备有限公司

126 德国 General Acoustics 公司

英文全称：General Acoustics e.K.

业务范围：该公司成立于 1996 年，是一家世界知名的回声测深仪、潮位仪、波浪仪和流量测量仪器生产商，其产品销往全球 60 多个国家与地区。生产波浪潮位仪 LOG_aLevel、实验室波浪测量系统 UltraLab 和 SUBPRO 1210 浅地层剖面仪，其产品主要用于实验室、海防、水文和石油天然气领域。

联系方式：电话：(+49) 4315-808180

传真：(+49) 4315-808189

邮箱：info@GeneralAcoustics.com

公司地址：德国石勒苏益格—荷尔斯泰因州基尔市

公司网址：www.generalacoustics.com

国内代理商：青岛水德仪器有限公司

127 德国 GISMA 公司

英文全称： GISMA Steckverbinder GmbH

业务范围： 该公司成立于1983年，是一家世界知名的水下连接器开发与生产厂家。该公司生产有18个系列4500种水下连接器，适用于各种水下应用领域。

联系方式： 电话：(+49) 4321-983530
　　　　　　传真：(+49) 4321-983555
　　　　　　邮箱：info@gisma-connectors.de

公司地址： 德国石勒苏益格—荷尔斯泰因州新明斯特市

公司网址： www.gisma-connectors.de

国内代理商： 上海精卫电子有限公司

128 德国 Helzel 公司

英文全称： Helzel Messtechnik GmbH

业务范围： 该公司成立于1995年，主要提供 Wera 地波雷达及其配套软件，该雷达可同时测量海流、波浪和风场，是业内著名的地波雷达之一。

联系方式： 电话：(+49) 4191-95200
　　　　　　传真：(+49) 4191-952040
　　　　　　邮箱：hzm@helzel.com

公司地址： 德国汉堡卡尔滕基兴

公司网址： www.helzel.com

国内代理商： 无

129 德国 Hydro-Bios 公司

英文全称： Hydro-Bios Apparatebau GmbH

业务范围： 该公司是世界顶级水体采样设备制造商，产品主要包括多通道自动水样采集器，采水器，采泥器，沉积物柱状取样器，多通道沉积物捕集器，测流计，浮游生物连续采样网，生物网口流量计，初级生产力培养器，浮游动物计数框，浮游植物计数框，浮游生物沉降器等。

联系方式： 电话：(+49) 4313-6960

传真：(+49) 4313-696021

邮箱：export@hydrobios.de

公司地址： 德国基尔市贾葛斯贝 5-7

公司网址： www.hydrobios.de

国内代理商： 青岛水德仪器有限公司

130 德国 HS-Engineers 公司

英文全称： HS-Engineers

业务范围： 该公司主要设计制造用于海洋湖泊河流水文检测、海岸保护、土木工程等项目的特种测量设备，如电磁式海流计、水下罗盘等，并通过网络支持远程检测与远程调试。

联系方式： 电话：(+49) 3817-612010

传真：(+49) 3817-612011

邮箱：info@hs-engineers.de

公司地址： 德国利西迈哈根市 D-18107 号霍顿霍夫 3 号

公司网址：： www.hs-engineers.de

国内代理商：

（1）无锡市海鹰加科海洋技术有限责任公司

（2）上海逐海仪器设备有限公司

131 德国 iSiTEC 公司

英文全称： iSiTEC

业务范围： 该公司生产有多通道沉积物捕集器，及全球先进的 LOKI 浮游生物照相系统等科研设备。

联系方式： 电话：（+49）4719-22340

传真：（+49）4719-223444

邮箱：mail@isitec.de

公司地址： 德国不莱梅

公司网址： www.isitec.de

国内代理商： 青岛水德仪器有限公司

132 德国 Jenoptik 公司

英文全称： Jenoptik AG, Inc.

业务范围： 该公司是法兰克福证券交易所的上市公司，业务遍及欧洲、美国、中国、印度、日本等全球 70 多个国家，为半导体制造、汽车设备供应和生产、医疗技术、安防及航空多个行业提供服务，2012 年生产总额约 5.85 亿欧元。其业务范围分为五个部门：激光与材料加工、光学系统、工业测量、交通安全、防务与民用系统。光学系统部门生产并销售光学模块与系统、物镜、光学及高分子光学元件、微光学设备（包括微透镜和微透镜阵列、衍射光学元件、混合光学元件、脉冲压缩光栅、数字滤波器等）、成像模块与 OEM 相机、显微镜用照相机、发光二极管及芯片、色彩传感器、光电模块、光调制器、特制电缆等产品。

联系方式： 电话：（+49）3641-650

传真：（+49）3641-424514

邮箱：pr@jenoptik.com

公司地址： 德国图林根州耶拿市卡尔蔡司大街 1 号

公司网址： www.jenoptik.com

国内代理商：

（1）北京世纪浅海海洋气象仪器有限公司

（2）业纳（上海）精密设备有限公司

（3）科瑞集团控股有限公司

133 德国 Mariscope 公司

英文全称： Mariscope Meerestechnik e.K.

业务范围： 该公司在设计和生产远程遥控水下机器人、海洋和潜水相关产品方面，有二十年的经验。产品包括水下机器人、海洋浮标及传感系统、专业潜水设备、水下摄影设备、拖拽车，及相关配件。

联系方式： 电话：(+49) 4346-6000490

传真：(+49) 4346-6000494

邮箱：info@mariscope.de

公司地址： 德国奥斯多夫市盖托夫街1号

公司网址： www.mariscope.net

国内代理商： 无

134 德国 Nautilus 公司

英文全称： Nautilus Marine Service GmbH

业务范围： 该公司成立于1985年，是世界知名的海洋技术制造商，此外，该公司还是德国海上安全和救援装备研究和制造供应商。

联系方式： 电话：(+49) 4161-866250

传真：(+49) 4161-866259

邮箱：info@nautilus-gmbh.com

公司地址： 德国布克斯特胡德

公司网址： www.nautilus-gmbh.com

国内代理商： 桂宁（上海）实验器材有限公司

135 德国 Ocean Waves 公司

英文全称： Ocean Waves GmbH

业务范围：该公司是德国 GKSS 研究中心的一家下属单位。公司的主要产品是 WaMoSII 波浪测量系统。

联系方式：电话：(+49) 4131-699580

　　　　　　传真：(+49) 4131-6995829

　　　　　　邮箱：info@oceanwaves.de

公司地址：德国吕纳堡市巴多维克街 6 号

公司网址：www.oceanwaves.org

国内代理商：北京世纪浅海海洋气象仪器有限公司

136 德国 Optimare MMS 公司

英文全称：Optimare Systems GmbH

业务范围：该公司是 Aerodata 集团的全资子公司，是航空和航海业务核心解决方案的供应商，结合了飞机转换，任务系统和一系列远程传感器。尤其是公司的主动和被动远程传感技术，用作海洋油污染探测尤为突出。公司的海洋系统部门的活动主要集中在物理和生物光学数据的采集和初步处理。公司为特种任务开发和销售定制设备，同时还生产最先进的和有竞争力的工具以及沿海和海洋监测系统。

联系方式：电话：(+49) 4714-83610

　　　　　　传真：(+49) 4714-836111

　　　　　　邮箱：info@optimare.de

公司地址：德国不莱梅哈芬市伯明翰机场 15A

公司网址：www.optimare.de

国内代理商：北京泰富坤科技有限公司

137 德国 Sea & Sun Technology 公司

英文全称：Sea & Sun Technology

业务范围：该公司为客户提供可靠和优越的海洋技术，海洋工程与环保产品服务。

产品主要包括 CTD 48M 温盐深仪/声速剖面仪，CTD 60M 温盐深仪，CTD 90M 温盐深仪和微结构湍流剖面仪。还提供各种水下气体监测探头，包括水下硫化氢(H_2S) 监测仪，水下多环芳烃 (PAH) 监测仪/水中油监测仪。

联系方式： 电话：(+49) 4323-910913

邮箱：email@sea-sun-tech.com

公司地址： 德国特拉彭坎普市阿斯塔瑟街 9-13

公司网址： www.sea-sun-tech.com

国内代理商：

（1）青岛水德仪器有限公司

（2）北京赛迪海洋技术中心

138 德国 SubCtech 公司

英文全称： SubCtech

业务范围： 该公司主要产品有走航式二氧化碳监测系统 (Flow-through underway (pCO_2) Systems)，营养盐分析仪 (Marine Nutrient Analyzer)，水下电源 (Subsea Power)。

联系方式： 电话：(+49) 4312-2039880

传真：(+49) 4312-2039881

邮箱：sales@subCtech.com

公司地址： 德国

公司网址： www.subCtech.com

国内代理商： 青岛水德仪器有限公司

139 德国 Thies Clima 公司

英文全称： Adolf Thies GmbH & Co. KG

业务范围： 该公司具有超过 50 年的研发、制造气象分析仪器及系统的经验，其产品线涵盖风能、湿度、温度、压力测量、降雨、各种放射线等各种测量设备。

今天，该公司是世界上此类仪器设备最大的供货商之一。

联系方式： 电话：(+49) 5517-90010

传真：(+49) 5517-900165

邮箱：info@thiesclima.com

公司地址： 德国萨克森州哥廷根

公司网址： www.ThiesClima.com

国内代理商： 北京远东科技有限公司

电话：010-84159074，传真：010-84159074

地址：北京市朝阳区阜通东大街

网址：www.fareast-ch.com

140 德国 TriOS GmbH 公司

英文全称： TriOS Mess- und Datentechnik GmbH

业务范围： 该公司是世界先进的光学电极制造和控制软硬件开发厂家，其广域光谱仪表、分光光度仪表、荧光仪表、TriboxⅡ工控机和 Merlin 便携式仪表广泛应用于环保地表水在线监测、污染源在线监测、自来水厂、污水厂和各种科研项目。其仪表设计的优越性在于能运用最先进的光谱技术制造出体积小、能耗低的电极，适应于任何水质环境，并能进行稳定、精确的测量。其系统设计先进性在于能根据用户需求灵活组建系统，特别是针对大型监测网络的解决方案更是其他系统从性能、成本、操作性方面均无法企及的，这一切均取决于该系统的中枢机构 TriBox 工控机的卓越性能。

联系方式： 电话：(+49) 4402-69670

邮箱：info@trios.de

公司地址： 德国拉斯泰德市伯格美斯特伯杰路 25 号

公司网址： www.trios.de

国内代理商：

（1）昆山分公司

电话：13692032241，传真：0512-50361289

邮箱：info@trios.cn

地址：江苏省昆山市花桥镇绿地大道 231 号 9 楼 911 室

（2）杭州腾海科技有限公司

（3）北京世纪浅海海洋气象仪器有限公司

141 德国 WTW 公司

英文全称： Wissenschaftlich-Technische-Werkstätten

业务范围： 该公司是世界上知名的环保仪器制造商，开发并制造水质分析仪器。其业务范围主要有：科研领域、质量控制、水质分析、污水处理等。其产品包括：实验室台式、手提便携式、多参数测试仪以及多功能水质分析光度计，可测试的参数有 pH/ORP、溶氧 /BOD/ 呼吸速率、电导率、浊度、COD、总氮、总磷等。

联系方式： 电话：(+49) 8811-830

　　　　　　传真：(+49) 8811-83420

公司地址： 德国威尔海姆市 D-82362 号

公司网址： www.wtw.de

国内代理商：

（1）中国代表处

电话：400-888-5357

邮箱：servicechina@wtw.com

地址：广州市天河区天河路 228 号广晟大厦 801 室

（2）上海谷雨电子有限公司

电话：021-51697829，传真：021-51686162

邮箱：chenqi018@hotmail.com

地址：上海金山枫泾经济开发区

（3）厦门隆力德环境技术开发有限公司

电话：0592-5164321，传真：0592-5164323

邮箱：mail@lawlink.cn

地址：福建省厦门市软件园二期观日路 18 号 501 室

142 法国 ACSA 公司

英文全称：ACSA

业务范围：该公司专业从事水下机器人和水下定位系统的研发，生产不同型号的声检测系统、便携式 GPS 水下系统、水下跟踪系统、表面定位单元，除此外还定制设计无人驾驶地面车辆（USV），水下机器人，创新的光纤系统和网关浮标等。

联系方式：电话：(+33) 4425-85452

公司地址：法国梅勒依市圣维克图瓦第 9 大道

公司网址：www.acsa-alcen.com

国内代理商：

（1）青岛水德仪器有限公司

（2）北京世纪浅海海洋气象仪器有限公司

143 法国 Cybemetix 公司

英文全称：Cybernetix SASU

业务范围：该公司是能源行业，尤其是在石油天然气和核能产业的主要参与者之一，被公认为是在岸和离岸石油设施的监控、检查系统的世界前导者。旨在为不利环境中工作提供解决方案，尽最大努力降低人员和设备的风险。

联系方式：电话：(+33) 4912-17700

传真：(+33) 4912-17701

公司地址：法国马赛

公司网址：www.cybernetix.fr/en

国内代理商：北京合众创业技术有限公司

电话：010-62370823，62057170，传真：010-62370886

邮箱：office@unitedfound.com

地址：北京市西城区教场口街 1 号 2 号楼 112 室

144 法国 Eca Hytec 公司（现名 Eca Robotics）

英文全称：Eca Hytec

业务范围：Hytec 公司与母公司合并，现名为 Eca Robotics，Eca Hytec 是其产品的品牌。Eca Robotics 公司专业设计和制造自主和遥控无人潜航器，产品包括无人水面艇（USV），智能水下机器人（AUV）和无人车辆（UGV），应用于国防工业，以及石油天然气、核能、消防等民用产业。ECA HYTECT 品牌产品包括水下系统，管道、钻井，核能系统以及外壳防爆系统。

联系方式：电话：(+33) 4676-36400

　　　　　传真：(+33) 4675-21488

公司地址：法国蒙彼利埃市如德拉克罗科斯蒂拉维特街

公司网址：www.hytec.fr

国内代理商：

（1）美国高科北京公司

（2）上海地海仪器有限公司

145 法国 iXBlue 公司

英文全称：iXBlue

业务范围：该公司为水面舰艇提供高精度传感器、导航定位系统、水声定位系统、高精度惯性（陆地、海洋）导航系统，同时还为海底侦查领域提供侧扫声纳、声学释放器以及相关绘图软件。

联系方式：电话：(+33) 1300-88888

公司地址：法国马尔利勒鲁瓦市 52 大道

公司网址：www.ixblue.com

国内代理商：

（1）劳雷工业有限公司

（2）杭州腾海科技有限公司

146 法国 NKE 公司

英文全称： NKE Marine Electronics

业务范围： 该公司是一家航行设备的供应商，致力于研发和制造传感器和船舶自动驾驶，主要产品包括多种接口、总线系统、多功能自动操舵仪、桅顶部件及其配件、罗盘 GPS、处理器等。

联系方式： 电话：(+33) 2973-65685

传真：(+33) 2973-64674

公司地址： 法国埃讷邦市古腾堡街 NKE 公司

公司网址： www.nke-marine-electronics.com

国内代理商：

（1）北京世纪浅海海洋气象仪器有限公司

（2）福建瑞祥通导公司

（3）上海贺森机电设备有限公司

（4）青岛国科海洋环境工程技术有限公司

147 法国 SIG 公司

英文全称： Services and Instruments of Geophysique co.

业务范围： 该公司生产高精度、高稳定性、高安全性的电火花震源。不同功率对应浅水到深水区域的剖面勘探，其探测精度在国际享有盛誉。公司还提供配套使用的电极和水听器。

联系方式： 电话：(+33) 2405-63116

传真：(+33) 2405-62055

公司地址： 法国卢瓦尔多斯省伯夫龙康普邦拉德鲁奇谢瓦克丝 11 号

公司网址： www.marine-seismic-equipments.net

国内代理商：

（1）上海地海仪器有限公司

（2）劳雷工业有限公司

(3) 青岛水德仪器有限公司

(4) 青岛国科海洋环境工程技术有限公司

148 法国 Soacsy 公司

英文全称：Soacsy

业务范围：该公司设计生产海洋监测声学系统，其主要产品 Seachirp 包含响应频率宽度 0.4~0.8kHz/4.5 的超宽响应技术以及特制的水听器，能够获得分辨率 <10cm 的声扫描图像。

联系方式：电话：(+33) 4904-90691

邮箱：sales@soacsy.com

公司地址：法国阿德勒赛德克斯市尼古拉斯科帕尼克 1 号

公司网址：www.soacsy.fr

国内代理：青岛国科海洋环境工程技术有限公司

149 法国 Sercel 公司

英文全称：Sercel

业务范围：该公司一直处于全球地震数据采集行业前沿，将继续设计、制造全系列的、高科技油气勘探、海底电缆、海底探测设备。该公司生产有系列海洋地震设备。

联系方式：电话：(+33) 2403-01181

传真：(+33) 2403-01948

公司地址：法国卢瓦尔河地区

公司网址：www.sercel.com

国内代理商：无

150 法国海洋开发研究所（IFREMER）

英文全称： French Research Institute for Exploitation of the Sea

业务范围： 该研究所通过观察、实验、监测、管理海洋数据库，监测海洋、沿海环境和海洋活动的可持续发展。该研究所还研制海洋研究船配套设备，其对法国海洋调查船队进行统一管理，该船队包括七艘远洋船只和六艘沿海船只，可以在除极地以外的海洋进行调查，能够进行海底水深测量，部署深水系统，收集沉积物岩芯。

联系方式： 电话：(+33) 2982-24040

邮箱：webmaster@ifremer.fr

公司地址： 法国普鲁赞尼

公司网址： wwz.ifremer.fr

国内代理商： 无

151 英国 Aquatec 公司

英文全称： Aquatec Group Ltd

业务范围： 该公司提供测量、监控和水下通信的解决方案。业务涵盖所有的水环境（海洋、河口、河流和湖泊），包括海上结构和管道仪表。产品有温度仪、盐度仪、浊度仪、压力计和声源等。

联系方式： 电话：(+44) 1256-416010

传真：(+44) 1256-416019

邮箱：inquiry@aquatecgroup.com

公司地址： 英国英格兰汉普郡

公司网址： www.aquatecgroup.com

国内代理商：

（1）上海泽泉科技有限公司

（2）上海精导科学仪器有限公司

（3）上海点鱼仪器有限公司

 **152 英国 AC-CESS 公司**

英文全称：AC-CESS Co UK Limited

业务范围：该公司是世界著名的远程遥控潜水器（ROV）制造商，主要产品是水下机器人。其产品主要应用于全球石油和天然气、海底、军事和海军研究行业。

联系方式：电话：(+44) 1224-790100

传真：(+44) 1224-790111

邮箱：info@ac-cess.com

公司地址：英国阿伯丁市肯拉区克林提路

公司网址：www.ac-cess.com

国内代理商：

（1）青岛领海海洋仪器有限公司

（2）北京海洲赛维科技有限公司

 153 英国 Bowtech 公司

英文全称：Bowtech Products Ltd

业务范围：该公司是一家专门从事设计、制造和供应水下视觉系统的公司，包括视频监测系统，水下摄像机，水下 LED 灯，定制型电缆组件、水下电子和光纤连接器、光纤多路复用器和滑环。

联系方式：电话：(+44) 1224-772345

传真：(+44) 1224-772900

邮箱：sales@bowtech.co.uk

公司地址：英国苏格兰阿伯丁

公司网址：www.bowtech.co.uk

国内代理商：合肥安澜仪器有限公司

154 英国 Biral 公司

英文全称：Bristol Industrial and Research Associates Limited

业务范围：该公司专注于气象传感器、粒子分析仪和生物检测仪等相关设备的设计、制造与供应，相应设备主要用于科研、工业、军事和环境检测用途。气象传感器主要包括能见度仪与即时气象检测系统、降雨量传感器、风速与风向记录仪、雷暴探测器和用以测量温度、湿度、压力、辐射、光照等参数的传感器；粒子分析仪器包括：手持粒子计数器、光镊仪、粒子稀释净化器、粒子分析仪（测量粒子大小、形状和荧光度）。

联系方式：电话：(+44) 127-584-7787
　　　　　　邮箱：enquiries@biral.com

公司地址：英国布里斯托市波蒂斯黑德哈伯路地产贸易 8 区

公司网址：www.biral.com

国内代理商：

（1）北京奥克希尔公司

（2）北京世纪浅海海洋气象仪器有限公司

155 英国 CDL 公司

英文全称：Cullum Detuners Ltd

业务范围：该公司提供著名的涉及航空、能源、航海和核领域的技术方案。主要产品包括燃气涡轮机，光纤罗经和运动传感器，TOGS 微型三维光纤运动传感器等。

联系方式：电话：(+44) 1773-717341
　　　　　　传真：(+44) 1773-760601
　　　　　　邮箱：sales@cullum.co.uk

公司地址：英国德比郡西诺西诺门工业园 685 号

公司网址：www.cullum.co.uk

国内代理商：

（1）北京美科天成科技发展有限公司

（2）杭州腾海科技有限公司

（3）广州浩瀚电子科技有限公司

156 英国 C-Tecnics 公司

英文全称：C-Tecnics

业务范围：该公司是高质量潜水和水下设备的制造商，精于水下摄像，近岸和离岸通信工具，水下机器人以及军事潜水业。主要产品包括水下照相系统、水下摄像系统、水下监控通信系统等。

联系方式：电话：(+44) 1224-666322

　　　　　　传真：(+44) 1224-692222

　　　　　　邮箱：sales@c-tecnics.com

公司地址：英国苏格兰地区阿伯丁爱诗格鲁夫西路 123 号

公司网址：www.c-tecnics.com

国内代理商：

（1）北京联洲海创科技有限公司

（2）北京博海瑞达科技发展有限公司

（3）杭州腾海科技有限公司

157 英国 Caley 公司

英文全称：Caley Ocean Systems Ltd

业务范围：该公司善于应对近海和海洋海域问题以及舰艇紧急情况。主要产品包括管道和电缆处理系统，遥控潜水器（ROV），自主水下航行器（AUV），Caley 吊艇架，电导率、温度和深度处理系统（CTD），绞车系统和潜艇营救系统。其中，AUV 和 ROV 经过中国船级社（CCS）认证。

联系方式：电话：(+44) 1355-246626

　　　　　　传真：(+44) 13552-29359

　　　　　　邮箱：info@caley.co.uk

公司地址：英国苏格兰地区格拉斯哥市东基尔布莱德梅弗大街

公司网址：www.caley.co.uk

国内代理商：

 （1）劳雷工业有限公司

 （2）泛华设备有限公司（上海代表处）

 158 英国 Geotek 公司

英文全称：Geotek, Ltd.

业务范围：该公司主要产品有岩芯综合测试系统（9 种型号）、岩芯三维断层扫描系统、高分辨率 X 射线岩芯扫描分析仪、三维微观 CT。

联系方式：电话：(+44) 1327-311666

     传真：(+44) 1327-311555

     邮箱：info@geotek.co.uk

公司地址：英国北安普敦郡达文特里市索普威思路 4 号

公司网址：www.geotek.co.uk

国内代理商：青岛领海海洋仪器有限公司

 159 英国 Gill Sensors 公司

英文全称：Gill Sensors & Controls Limited

业务范围：该公司主要为恶劣环境设计、生产传感器。产品可用于国防、赛车、工业、越野等领域以及其他需要快速、精准控制与测量的领域。其产品主要包括：水平传感器、位置传感器、流量传感器和状态传感器等。

联系方式：电话：(+44) 1590-613400

公司地址：英国汉普郡来明顿高斯普特街 67 号盐沼公园

公司网址：www.gillsensors.co.uk

国内代理商：

 （1）上海铂鳞贸易有限公司

电话：021-61312361，传真：021-31156785

地址：上海市徐汇区零陵路 635 号 8 楼 E 座

（2）宁波金晟杰机电有限公司

电话：0574-89081448，传真：0574-83865440

地址：浙江省宁波市城市广场 41 号 B 座 405 室

（3）培德国际有限公司上海代表处

电话：021-62794500，传真：021-62792664

地址：上海市北京西路 1277 号国旅大厦 1707 室

 160 英国 Guralp 公司

英文全称： Guralp Systems Limited

业务范围： 该公司是国际上知名的宽频带地震仪生产厂家，生产有 6 个系列的宽频地震仪，以及海底地震仪、数据采集软件等。

联系方式： 电话：(+44) 1189-819056

传真：(+44) 1189-819943

邮箱：sales@guralp.com

公司地址： 英国伯克郡

公司网址： www.guralp.com

国内代理商： 博来银赛科技（北京）有限公司

 161 英国 Hydro-Lek 公司

英文全称： Hydro-Lek Ltd

业务范围： 该公司产品包括用于远程干预操作的配件、阀门、泵，并通过远程操纵器进行远程干预。产品包括电子控制系统、阀门、远程机械控制系统、核辐射防护系统等。

联系方式： 电话：(+44) 1189-736903

传真：(+44) 1189-736915

邮箱：enquiries@hydro-lek.com

公司地址：英国伯克郡霍格沃德巷印第安纳州埃芬豪路法尔考大楼

公司网址：www.hydro-lek.com

国内代理商：广州浩瀚电子科技有限公司

162 英国 Marine Electronic 公司

英文全称：Marine Electronics Ltd.

业务范围：该公司为近海石油和天然气行业设计和制造各类特色鲜明的水下声纳和声学产品，主要生产制造 3D 声纳，联合喷流声纳，扫描声纳，以及测高计、雷达收发机、声学释放器、浮动电缆鼓等海上测量系统。

联系方式：电话：(+44) 1481-253181

传真：(+44) 1481-253182

邮箱：sales@marine-electronics.co.uk

公司地址：英国海峡群岛根西岛古巷工作区

公司网址：www.marine-electronics.co.uk

国内代理商：青岛水德仪器有限公司

163 英国 PSSL 公司

英文全称：Perry Slingsby Systems Ltd.

业务范围：该公司现为 Forum Energy Technology 的子公司，更名为 Forum Subsea Technology，重型 ROV 是该公司的主要产品，其中尤以 TRITON 系列多功能遥控潜器更为出色，公司已生产出三种系列产品，即 TRITON XLS、TRITON ZX 和 TRITON MRV，最大工作深度可达 4000m。

联系方式：电话：(+44) 1751-431751

传真：(+44) 1751-431388

邮箱：info@f-e-t.com

公司地址：英国北约克郡约克镇英格斯巷

公司网址：www.f-e-t.com

国内代理商：劳雷工业有限公司

164 英国 RS Aqua 公司

英文全称：RS Aqua Ltd.

业务范围：该公司主要供应海洋测绘和环境监测设备，业务领域主要包括海洋勘探、海岸地区监测、离岸可再生能源、海洋进出口业务及污染控制等。公司具有专业的团队，可以提供工程项目管理及实地操作等服务。

联系方式：电话：(+44) 1730-828222

传真：(+44) 1730-828128

邮箱：info@rsaqua.co.uk

公司地址：英国新罕布什尔郡奥尔顿市普里维特镇赫斯特巴恩街 4-6 号

公司网址：www.rsaqua.co.uk

国内代理商：青岛领海海洋仪器有限公司

165 英国 SAAB Seaeye 公司

英文全称：SAAB Seaeye Limeited

业务范围：该公司专业从事电动水下机器人（ROV）的研发和生产，具有非常丰富的水下目标检测等应用经验，是全球最大的 ROV 制造商和行业知名品牌，产品线涵盖了大型、中型、小型 ROV 全系列产品。此外还设计生产 ROV 保障站（TMS）、发射与回收系统（LARS）等 ROV 配套设备。ROV 生产能力在 2013 年提高了 50%，目前占据全球中小型 ROV57% 的市场份额，在全球 ROV 市场中占据了约 14% 的份额。

联系方式：电话：(+44) 1489-898000

传真：(+44) 1489-898001

邮箱：rovs@saabgroup.com

公司地址：英国汉普郡法汉姆市赛根斯沃斯布鲁内尔路 20 号

公司网址：www.seaeye.com

国内代理商：

（1）北京美科天成科技发展有限公司

（2）无锡市海鹰加科海洋技术有限责任公司

（3）北京市腾安瑞思达能源科技有限公司

166 英国 SMD 公司

英文全称：Soil Machine Dynamics Ltd.

业务范围：该公司是世界知名水下工程设备制造商之一，有很强的生产设计能力，产品包括水下机器人、水下埋缆犁等，其中工作级水下机器人的年生产能力是36台，是世界著名的 ROV 生产厂商。

联系方式：电话：(+44) 1912-342222

邮箱：paul.hollick@smd.co.uk

公司地址：英国沃尔森德市北泰恩赛德区大卫岸路

公司网址：www.smd.co.uk

国内代理商：

（1）广州浩瀚电子科技有限公司

（2）北京泰富坤科技有限公司

167 英国 Sub-Atlantic 公司

英文全称：Forum Energy Technologies

业务范围：该公司是 Forum Energy Technologies（FET）公司的一个品牌，该公司是全球知名的 ROV 制造商，主要制造液压推动器、液压动力单元、阀门以及云台单位，在设计和建造方面的技术居于世界先进水平。

联系方式：电话：(+44) 1224-798660

公司地址：英国北约克郡

公司网址：www.sub-atlantic.co.uk

国内代理商：青岛海洋研究设备服务有限公司

168 英国 SubSea 7 公司

英文全称：SubSea 7

业务范围：该公司是全球最大的海底到海洋工程与产业服务的承包商之一，能够为深水作业提供服务和定制产品，是世界上最大的 ROV 制造商之一。

联系方式：电话：(+44) 2082-105500

传真：(+44) 2082-105501

公司地址：英国伦敦哈默史密斯路 200 号

公司网址：www.subsea7.com

国内代理商：无

169 英国 Sonardyne 公司

英文全称：Sonardyne International Ltd.

业务范围：该公司致力于水下导航、定位和通信业务。主要产品包括声学定位、惯性导航、海底无线通信以及声纳成像等设备。具有 40 多年的研发和服务经验，可应对多种海底工作环境的挑战。

联系方式：电话：(+44) 1252-872288

传真：(+44) 1252-876100

邮箱：sales@sonardyne.com

公司地址：英国新罕布什尔郡叶特利镇布莱克布舍商业园区

公司网址：www.sonardyne.com

国内代理商：青岛海洋研究设备服务有限公司

170 英国 Tritexndt 公司

英文全称： Tritex NDT, Ltd.

业务范围： 该公司生产和供应多回波超声波测厚仪，用于检查和测量金属腐蚀水平和厚度，可从任意一边无需除去任何防护涂料下测量。产品应用于海运、海上平台、桥梁、管道、路灯、一般工业等领域，获得多个国家相关单位的良好口碑。除了仪器外，公司还提供相关的软件服务。

联系方式： 电话：(+44) 1305-257160
传真：(+44) 1305-259573
邮箱：sales@tritexndt.com

公司地址： 英国英格兰多尔切斯特市海尔波克汉姆顿区梅尔斯托克商业广场 10 单元

公司网址： www.tritexndt.com

国内代理商： 泰亚赛福科技发展有限责任公司

171 英国 Tritech 公司

英文全称： Tritech International Limited

业务范围： 该公司是一家总部位于英国苏格兰地区的高科技企业，它是穆格公司（Moog Inc）旗下的子公司，致力于为客户提供高可靠的水下成像声纳及配套设备。它的业务遍及全球，其中包括国防、能源、工程、测量及水下机器人等专业。Tritech 公司是水下声纳和传感器领域的知名企业，它为全世界的 ROV（遥控水下机器人）和 AUV（无人水下机器人）市场提供顶尖的水下成像声纳及传感器。在过去的 21 年当中，参与制定了多个关键行业标准，并为全球客户提供高端水下声纳产品，如以避障性能著称的 Super SeaKing 机械扫描声纳，以及 Gemini 720i 多波束实时成像声纳。

联系方式： 电话：(+44) 1224-744111
传真：(+44) 1224-741771
邮箱：sales@tritech.co.uk

公司地址： 英国苏格拉阿伯丁郡

公司网址：www.tritech.co.uk

国内代理商：

（1）青岛海洋研究设备服务有限公司

（2）北京派尔惠德科技股份有限公司

172 英国 Valeport 公司

英文全称：Valeport Company

业务范围：该公司成立于 1969 年，是一家享誉全球的企业，为海洋学，水道测量和液体比重测定设计和生产仪器，其客户群遍布全世界，包括海洋环境，石油和天然气，可再生资源，建筑，淤积清理，土木工程领域。主要产品包括验潮仪、水波记录仪、流速仪、回声探测器、深海测量仪、声速探测仪、海洋工程仪器、温盐深仪等。

联系方式：电话：(+44) 1803-869292

传真：(+44) 1803-869293

邮箱：sales@valeport.co.uk

公司地址：英国德文郡托特尼斯圣彼得码头

公司网址：www.valeport.com

国内代理商：

（1）北京美科天成科技发展有限公司

（2）广州浩瀚电子科技有限公司

（3）广州慧洋信息科技有限公司

173 英国南安普敦国家海洋学中心

英文全称：The National Oceanography Centre Southampton

业务范围：该中心是提供沿海到深海综合海洋科学技术的国家研究机构，与英国海洋研究界其他机构合作密切。中心归英国自然环境研究理事会（NERC）所有，成立于 2010 年 4 月，整合了自然环境研究理事会管理的利物浦劳德曼海洋实验室和南安普顿国家海洋中心，是英国领先的海平面科学、沿海和深海研究与技术开发机构，是公认的世界顶级海洋学研究机构之一。

联系方式：电话：(+44) 2380-596666

公司地址：英国南安普顿大学校园滨水区南安普顿国家海洋学中心

公司网址：www.noc.soton.ac.uk

国内代理商：无

174 荷兰 A.P.V.D 公司

英文全称：A.P. van den Berg

业务范围：该公司主要从事锥入度实验仪器、岩土仪器（静力触探设备）的研发，广泛应用于海底土壤勘探、岩土勘探等领域。

联系方式：电话：(+31) 5136-31355

邮箱：info@apvandenberg.com

公司地址：荷兰海伦芬市艾杰威戈路 4 号

公司网址：www.apvandenberg.com

国内代理商：

（1）北京双杰特科技有限公司

（2）劳雷工业有限公司

175 荷兰 Aqua Vision 公司

英文全称：Aqua Vision BV

业务范围：该公司是一家水文和海洋咨询公司，客户包括世界各地政府机构及海洋工程行业。提供各种软件、硬件以及服务。产品包括地下水流速流向测定仪等。

联系方式：电话：(+31) 3024-59872

邮箱：info@aquavision.nl

公司地址：荷兰乌得勒支市塞瓦斯波维克路 11 号

公司网址：www.aquavision.nl

国内代理商：

（1）北京欧仕科技有限公司

（2）劳雷工业有限公司

176 荷兰 Cytobuoy 公司

英文全称： CytoBuoy b.v.

业务范围： 该公司是一家荷兰公司，在水产科学等学科拥有超过 25 年的颗粒分析仪器的制造经验。产品有流式细胞仪及其配套软件、配件等。

联系方式： 电话：(+31) 3486-88101

传真：(+31) 3486-88707

邮箱：info@cytobuoy.com

公司地址： 荷兰乌德勒支省

公司网址： www.cytobuoy.com

国内代理商： 上海泽泉科技有限公司

177 荷兰 Datawell 公司

英文全称： Datawell BV

业务范围： 该公司成立于 1961 年，专门从事海洋环境监测，Datawell 开发的最知名产品是浮标和船舶运动传感器。浮标的最新版本是 DWR4，可以测量海面洋流。除了波高和波向，也监控海面温度，该公司的传感器也用于其他气象参数，如空气的温度等。

联系方式： 电话：(+31) 7253-45298

邮箱：sales@datawell.nl

公司地址： 荷兰哈勒姆市左莫鲁斯特街 4 号

公司网址： www.datawell.nl

国内代理商： 劳雷工业有限公司

178 荷兰 Geo 公司

英文全称：Geo Marine Survey Systems

业务范围：该公司是一家全球性的地质学—地球物理学服务和产品供应商。主要侧重于两个特定领域：采用高新技术的调查仪器和岩土工程调查设备；开发适用于高分辨率采集、处理、解析以及三维可视化的软件。公司主要产品包括测振设备和岩土工程设备。

联系方式：电话：(+31) 1041-55755

传真：(+31) 1041-55351

邮箱：info@geomarinesurveysystems.com

公司地址：荷兰鹿特丹舍菲得路 8 号

公司网址：www.geomarinesurveysystems.com

国内代理商：

（1）青岛水德仪器有限公司

（2）无锡市海鹰加科海洋技术有限责任公司

179 荷兰 Geomil 公司

英文全称：Geomil Equipment B.V.

业务范围：该公司的前身是 GMF Gouda，成立于 1932 年，是全球第一个生产静力触探设备的厂家，拥有 80 年的经验，为全球首选的静力触探设备制造商。可以为客户提供陆上和海洋静力触探系统、十字板剪切系统等。

联系方式：电话：(+31) 1724-27800

传真：(+31) 1724-27801

邮箱：info@geomil.com

公司地址：荷兰豪达

公司网址：www.geomil.com

国内代理商：欧美大地仪器设备中国有限公司

180 荷兰 Radac 公司

英文全称： Radac B.V.

业务范围： 该公司开发了一系列水位计、潮位仪和测波仪。根据使用场合和作用不同可分为自由空间型、船载型、静水井型和波浪方向型。系统精度高、结构紧凑、轻便、易于安装；具有稳定的数字化参考，无需再校准；非液面接触、无移动部件、无需维护；防闪电保护、适用于任何天气环境；自诊断功能、可靠的信息数据。

联系方式： 电话：(+31) 2355-18853
邮箱：info@radac.nl

公司地址： 荷兰哈勒姆市左莫鲁斯特街 4 号

公司网址： www.radac.nl

国内代理商：
（1）上海精导科学仪器有限公司
（2）劳雷工业有限公司

181 意大利国家研究理事会海洋科学研究所

英文全称： ISMAR Istituto di Scienze Marine

业务范围： 该研究所隶属于意大利国家研究理事会，有 60 多名工作人员，研究范围涵盖物理海洋、环境生态渔业和渔业技术等方面。研究主题如海洋和大陆边缘的演变，海底火山，海底栖息地和生态，鱼类资源的进化等。CNR-ISMAR 的研究成果多以学术论文形式发表，同时参与国内外的很多项目研究，也提供少量软件和数据库服务。

联系方式： 电话：(+39) 071-207881

公司地址： 意大利威尼斯帝堡城区阿森诺 - 德莎 104 号

公司网址： www.ismar.cnr.it

国内代理： 青岛国科海洋环境工程技术有限公司

182 意大利哈纳公司

英文全称： HANNA Instruments

业务范围： 该公司是分析仪器的全球供应商，现已成为全球公认的名牌水质分析仪器公司。它制造了世界上第一台单探头便携式电导计和微处理器手持式 pH 仪。其业务范围包括：饮用水、市政污水、工业废水、工业循环水、环境监测、卫生防疫以及高校科研等。主要产品包括：酸度离子测量仪、电导率/TDS 测定计、溶解氧测定仪、浊度测定仪、离子测定仪、温湿度测定仪、磁力搅拌器、在线测定控制器等。

联系方式： 电话：(+39) 2451-03537

传真：(+39) 2451-09989

邮箱：padova@hanna.it

公司地址： 意大利哈纳

公司网址： www.hannainst.com

国内代理商：

（1）哈纳沃德仪器（北京）有限公司

电话：010-88570068/88570069，传真：010-88570060

邮箱：hannaoto@yahoo.cn

地址：北京海淀区中关村南大街 17 号韦伯时代中心 C 座 911 室

（2）荣胤仪器（上海）有限公司

电话：400-680-1219，传真：021-64542817

地址：上海市徐汇区上中路 59 号 1104 室

（3）南通沃特环保科技有限公司

电话：0513-84316868-806，传真：0513-84312159-805

地址：江苏省南通市银河工业园区

183 意大利 Idronaut 公司

英文全称： Idronaut S.r.l.

业务范围：该公司是世界知名的高性能海洋传感器和仪表（尤其是多参数 CTD 仪表）设计制造公司。产品涉及海洋化学、计算机科学与软件、电化学、微力学、传感器的设计、化学与物理海洋学领域。已将大量先进产品推广到海洋仪器市场，这些仪器包括具有低维护特点的全海洋深度（7000m）快速响应的传感器，其中有高精度七铂环电导池、溶解氧传感器（无需水泵）、现场微量金属元素分析仪、深海流通池以及数据遥测剖面浮标。

联系方式：电话：(+39) 039-879656

邮箱：idronaut@idronaut.it

公司地址：意大利布鲁盖廖市蒙特爱米亚塔路 10 号

公司网址：www.idronaut.it

国内代理商：

（1）北京世纪浅海海洋气象仪器有限公司

（2）杭州腾海科技有限公司

184 意大利 Systea 公司

英文全称：Systea S.p.A.

业务范围：该公司在全球范围内集开发，制造及销售为一体，对复杂化学化合物的在线分析提供一站式集成方案，其主要应用领域为：地表水、饮用水、废水、海洋水。主要产品如下：EasyChem Plus 流通池间断分析仪、EasyChem300 直读间断分析仪、FlowSys 第三代连续流动分析仪。

联系方式：电话：(+39) 0775-776058

传真：(+39) 0775-772204

邮箱：info@systea.it

公司地址：意大利阿纳尼市巴杜尼路 2A

公司网址：www.systea.it

国内代理商：

（1）厦门市吉龙德环境工程有限公司

（2）上海星门国际贸易有限公司

（3）杭州腾海科技有限公司

185 意大利 Envirtech 公司

英文全称：Envirtech Subsea Systems

业务范围：该公司成立于 2009 年，致力于提供从海面到海底的数据采集网络。产品有海啸浮标、波浪浮标、数据浮标、信标、海底地震仪等。

联系方式：电话：(+39) 0412-007899

传真：(+39) 0419-644082

邮箱：info@envirtech.org

公司地址：意大利威尼斯

公司网址：www.envirtech.com

国内代理商：无

186 意大利 Micromed 公司

英文全称：Micromed S.p.A.

业务范围：该公司致力于提供不同于现有的地球物理勘探仪器设备，使之真正成为准确、可靠和便携的。生产有多种地球物理勘探仪器设备，可以提供完整的结构和振动监测方案。

联系方式：电话：(+39) 041-5937000

传真：(+39) 041-5937011

邮箱：sales@tromino.it

公司地址：意大利莫利亚诺威尼托

公司网址：www.tromino.eu

国内代理商：欧美大地仪器设备中国有限公司

187 意大利 Klein Associates 公司

英文全称：L-3 Klein Associates, Inc.

业务范围：该公司成立于 1968 年，是侧扫声纳设备、水边安全和监控系统行业世界著名的供应商。产品有侧扫声纳、声纳、水边安全系统解决方案以及相关软件等。

联系方式：电话：(+39) 6038-936131

　　　　　　传真：(+39) 6038-938807

　　　　　　邮箱：Klein.Mail@L-3com.com

公司地址：意大利

公司网址：www.l-3mps.com/Klein

国内代理商：

（1）广州慧洋信息科技有限公司

（2）上海恩州仪器股份有限公司

188 挪威 AADI 公司

英文全称：Aanderaa Data Instruments AS

业务范围：该公司成立于 1960 年，很快便以可靠的海洋环境测量仪器解决方案而闻名。依靠数据质量、可靠性和出色的售后服务，持续为全球用户提供智能传感器和系统解决方案。

联系方式：电话：(+47) 5560-4800

　　　　　　传真：(+47) 5560-4801

公司地址：挪威

公司网址：www.aanderaa.com

国内代理商：北京赛迪海洋技术中心

189 挪威 Argus 公司

英文全称：Argus Remote Systems AS

业务范围：该公司是一家有缆水下机器人（ROV）的制造商。为石油，天然气和海底电力电缆工业，研究机构和军队提供 Argus ROV 服务，为客户提供硬件、服务、培训和操作支持。已交付超过 60 套完整的 ROV 系统。主要产品包括电子 ROV，高清视频、HD-SDI 摄像机、处理系统、连接器等。

联系方式：电话：(+47) 5611-3050

传真：(+47) 5611-3060

邮箱：sales@argus-rs.no

公司地址：挪威卑尔根市拉克斯瓦格区尼加德士维根路 1 号

公司网址：www.argus-rs.no

国内代理商：无

190 挪威 Fugro oceanor AS 公司

英文全称：Fugro oceanor AS

业务范围：该公司是一个高科技公司，专门从事环境监测，海洋观测和预报系统的设计，制造和技术发展。提供实时海洋、河流、湖泊、地下水和土壤环境监控技术和设备，为科研、海上油气开发、淡水和海水质量监测提供服务。

联系方式：电话：(+47) 7354-5200

传真：(+47) 7354-5201

邮箱：oceanor@oceanor.com

公司地址：挪威特隆赫姆市

公司网址：www.oceanor.com

国内代理商：辉固技术服务（北京）有限公司

电话：010-59799231

邮箱：info@fugro-china.com

地址：北京市朝阳区东四环中路 56 号远洋国际中心 A 座 1206

网址：www.fugro-china.com

191 挪威 Imenco 公司

英文名称：Imenco AS

业务范围：该公司成立于 1979 年，前 20 年，作为一家工程公司，从事各种海底工程。1999 年后，Imenco 通过收购，开始介入海底成像以及水下工具、水下通信、直升机加油业务，并成为全球高端水下相机制造商之一。

联系方式：电话：(+47) 5286-4102

公司地址：挪威阿克斯达尔

公司网址：imenco.no

国内代理商：北京大洋经略科技有限公司

192 挪威 Kongsberg Maritime 公司

英文全称：Kongsberg Maritime AS

业务范围：该公司是 Kongsberg 的全资子公司，致力于提供动力定位、通信导航、船舶自动化、安全管理、货油控制、海底勘探和建造、海事模拟和培训、卫星定位等系统。主要市场涉及拥有大规模海洋工程、船舶制造和能源勘探与开发等工业领域的国家。

联系方式：电话：(+47) 3228-8200

传真：(+47) 3228-8201

邮箱：office@kongsberg.com

公司地址：挪威康斯博格

公司网址：www.km.kongsberg.com

国内代理商：

（1）康士伯控制系统（上海）有限公司（KMCS）

电话：021-50323636，传真：021-50323100

邮箱：km.sales.shanghai@kongsberg.com

地址：上海市浦东新区金桥出口加工区金沪路 334 号 T4-1/1-3F

（2）康士伯船舶电气（江苏）有限公司（KMCJ）

电话：0511-81983333，传真：0511-81983399

邮箱：km.sales.shanghai@kongsberg.com

地址：江苏省镇江市润州工业园区长江路 711 号

193 挪威 Miros 公司

英文全称： Miros AS

业务范围： 该公司是一家世界范围内知名的波浪监测雷达和遥感传感器生产厂商。产品涵盖波浪监测、水位监测、溢油监测和直升机甲板监测系统。

联系方式： 电话：(+47) 6698-7500

传真：(+47) 6690-4170

邮箱：office@miros.no

公司地址： 挪威阿斯克尔

公司网址： www.miros.no

国内代理商： 北京曼宝科技发展有限公司

电话：010-59713245

邮箱：support@membertec.com

地址：北京市海淀区上地大街辉煌国际 1 号楼

网址：www.membertec.com

194 挪威 Nortek 公司

英文全称： Nortek AS

业务范围： 该公司是一个科学仪器公司，主要开发和销售测量水流流速的仪器。产品基于声学多普勒原理，从测量湍流的单点传感器，到大范围流速剖面仪。其用户主要是科研院所、高等院校的科研人员，以及工程勘测人员等。公司总部位于挪威奥斯陆，产品开发、组装以及测试都在此进行。在美国、英国、中国、荷兰设有分公司。

联系方式： 电话：(+47) 6717-4500

传真：(+47) 6713-6770

邮箱：inquiry@nortek.no

公司地址： 挪威

公司网址： www.nortek-as.com

国内代理商：青岛诺泰克测量设备有限公司

电话：0532-85017270，传真：0532-85017570

邮箱：inquiry@nortek.com.cn

地址：青岛市香港西路65号汇融广场1302

195 挪威 SAIV A/S 公司

英文全称：SAIV A/S Limited

业务范围：该公司主要提供小型水文测量仪器，可对海洋、湖泊以及地下水的导电性、盐度、温度、压力、密度、声速等参数进行测量。公司仪器均由电池提供电源，便携性好，简单易用。

联系方式：电话：(+47) 5611-3066

传真：(+47) 5611-3069

邮箱：info@saivas.com

公司地址：挪威卑尔根市拉克瑟瓦格区3513号信箱

公司网址：www.saivas.no

国内代理商：

（1）北京欧仕科技有限公司

（2）北京海洲赛维科技有限公司

196 挪威 Simrad 公司

英文全称：Simrad

业务范围：该公司是渔业探测设备领域知名的品牌，公司在设计和制造先进的渔业声纳，回声探测仪和捕捞工具方面有超过50年的经验。还为世界渔业研究提供基准设备，以帮助科学家估计海洋生物量。

联系方式：电话：(+47) 3303-4000

传真：(+47) 3304-2987

邮箱：contact@simrad.com

公司地址：挪威霍尔滕市

公司网址：www.simrad.com

国内代理商：

（1）中国国际贸易有限公司

（2）鼎贞（厦门）系统集成有限公司

电话：0592-5626205/326/288/320

传真：0592-5626209

邮箱：info@ynb.com.cn

地址：福建厦门市象屿保税区加工楼 D 栋 2A

公司网址：www.ynb.com.cn

197 瑞典 SMC 公司

英文全称：Ship Motion Control

业务范围：该公司是气象仪器、测波雷达、GPS、陀螺罗盘制造商之一，主要产品包括 IMU 型运动传感器、环境监测系统、直升机甲板监控系统、起重机监控系统，动态监测系统等。

联系方式：电话：（+46）8644-5010

邮箱：info@shipmotion.eu

公司地址：瑞典马耳他格吉拉区路达根斯路 203 号

公司网址：www.shipmotion.se

国内代理商：

（1）劳雷工业有限公司

（2）杭州腾海科技有限公司

198 瑞典 LYYN 公司

英文全称：LYYN AB

业务范围：该公司生产的 LYYN HAWK 集成板可以在低能见度的情况下提供更好

地视频。在作业时提高清晰度，也可以灵活地调整以适应各种水下环境。LYYN T38™ 图像增强仪能够将模糊不清的图像转换成比较清晰的图像，例如水下图像、黑夜图像、沙尘暴图像的实时处理或后处理，适用于 PAL/NTSC 制式，目前大量应用于 ROV、公安系统中。可以提供独立的图像转换系统，也可以提供 Hawk 电路板，组装在 ROV 的监控系统中，进行实时监控。

联系方式：电话：(+46) 46286-5790

传真：(+46) 46286-5799

邮箱：sales@lyyn.com

公司地址：瑞典隆德科学园区

公司网址：www.lyyn.com

国内代理商：

（1）青岛水德仪器有限公司

（2）劳雷工业有限公司

199 瑞典 SAAB 公司

英文全称：SAAB

业务范围：该公司是世界水下领域的佼佼者，其产品适合于沿海、浅海及各种复杂水下环境。公司专注于传感系统、精确交战系统，遥控及自主无人水下潜航器，如 ROV 和 AUV，Seaeye 系列水下机器人，Falcon(猎鹰)型、Cougar(美洲狮) XT Compat 型、Pather(猎豹)XT Plus 型和最新型 Sabertooth 型 AUV/ROV 混合水下潜器系统。

联系方式：电话：(+46) 8463-0000

传真：(+46) 8463-0152

公司地址：瑞典斯德哥尔摩

公司网址：www.saabgroup.com

国内代理商：

（1）中国办事处

电话：0755-26720981

手机：13509613366

（2）北京美科天瑞科技发展有限公司

200 瑞士 Mettler Toledo 公司

英文全称： Mettler-Toledo International Inc.

业务范围： 该公司以制造出世界上第一台单盘替代法天平而闻名，是全球知名的精密仪器制造商之一，还是世界上最大的制造及销售实验室、工业和食品零售业用称重设备的厂商。该公司在几个运用称重相关技术的分析仪器行业中占据前三位的位置，并在应用于药物及化学聚合物研究开发自动化学反应系统市场上名列前茅。此外，该公司也是最大的生产线及包装用金属检测机的制造和销售商。其业务包括：实验室称量、实验室分析、自动化化学、过程检测/在线分析、工业称重、产品检测、运输与物流和零售。

联系方式： 电话：(+41) 4494-44545

公司地址： 瑞士苏黎世州格里芬湖

公司网址： www.mt.com

国内代理商：

（1）梅特勒—托利多国际贸易（上海）有限公司

电话：4008-878-788/4008-878-989

地址：上海市桂平路 589 号

（2）梅特勒—托利多（常州）称重设备系统有限公司

电话：4008-878-989

地址：常州市新北区太湖西路 111 号

（3）北京亿达科创科技有限公司

电话：010-57127378，传真：010-61196013

地址：北京市丰台区东铁营苇子坑 109 号院 2 号楼 415 室

201 丹麦 EIVA 公司

英文全称：EIVA

业务范围：该公司是一家有着 30 多年离岸工程与工业技术经验的工程公司，提供软硬件模块化和成套服务，可应用于包括海洋油气开采、离岸风电、船舶建造、海洋地理测绘及海军防御等各种海洋工业领域。

联系方式：电话：(+45) 8628-2011

传真：(+45) 8628-2111

邮箱：eiva@eiva.com

公司地址：丹麦斯坎讷堡自治市尼尔斯博斯街 17 号

公司网址：www.eiva.com

国内代理商：

（1）北京美科天成科技发展有限公司

（2）劳雷工业有限公司

202 丹麦 Reson 公司

英文全称：Teledyne Reson

业务范围：该公司是行业内知名的声纳设备制造商。主要产品包括换能器，水听器，测量软件，声速探头（SVP）。该公司的 SeaBat 系列多波束系统以及数据采集软件 PDS2000 处于领先地位。其在工业标准多波束声纳生产中有超过 30 年经验。

联系方式：电话：(+45) 4738-0022

传真：(+45) 4738-0066

邮箱：support@teledyne-reson.com

公司地址：丹麦斯朗厄鲁普法布里斯旺根路 13 号

公司网址：www.teledyne-reson.com

国内代理商：

（1）上海办事处

电话：021-64186205

邮箱：shanghai@teledyne-reson.com

地址：上海市徐汇区襄阳南路 500 号 301 室

　（2）声震环保仪器有限公司

　（3）杭州腾海科技有限公司

　（4）北京天顿工程设备有限公司

　（5）广州浩瀚电子科技有限公司

203 丹麦 ATLAS Maridan ApS 公司

英文全称：ATLAS ELEKTRONIK GmbH

业务范围：该公司是自主水下航行器（AUV）的知名开发商和集成商，专业从事水下机器人（AUV，ROV，ROTV 和拖曳阵）控制系统的研发，以及有效载荷传感器的集成。

联系方式：电话：(+45) 4576-4050

　　　　　　传真：(+45) 4576-4051

　　　　　　邮箱：alb@atlasmaridan.com

公司地址：丹麦

公司网址：www.maridan.atlas-elektronik.com

国内代理商：无

204 丹麦 KC 公司

英文全称：KC Denmark A/S

业务范围：该公司主要生产各种水体采样设备，包括浮游生物泵 (Plankton Pump)，各种箱式采泥器 (Ekman Bottom Sampler)，各种抓斗式采泥器 (Grab)，多管柱状采泥器 (Multi Corer)，孔隙水采样器 (Pore Water Sampler)，绞车 (Winch)。

联系方式：电话：(+45) 8682-8347

　　　　　　传真：(+45) 8682-4950

公司地址：丹麦锡尔克堡

公司网址：www.kc-denmark.dk

国内代理商：青岛水德仪器有限公司

205 芬兰 Vaisala 公司

英文全称：Vaisala Group

业务范围：该公司是芬兰著名的环境和工业测量仪器设备制造商，也是世界知名气象仪器设备开发集成商，致力于在全球范围内研发、生产、销售环境和工业测量产品。主要产品包括温湿度传感器、气压表、探空仪、二氧化碳检测仪器等。公司产品 97% 用于出口，其环境测量产品居于世界领先地位。

联系方式：电话：(+358) 989491

传真：(+358) 989492227

邮箱：firstname.lastname@vaisala.com

公司地址：芬兰赫尔辛基万塔区凡哈诺米加文帝 21 号

公司网址：www.vaisala.com

国内办事处：

（1）维萨拉（北京）测量技术有限公司

—北京公司

电话：010-58274100，传真：010-85261155

地址：北京朝阳区东三环北路霄云路 21 号大通大厦南楼 2 层

—上海分公司

电话：021-50111581/2/3，传真：021-50111580

地址：上海市浦东区民生路 1403 号上海信息大厦 1102

—深圳分公司

电话：0755-82792442，0755-82792407

传真：0755-82792404

地址：深圳市福田区深南大道中国凤凰大厦 1 栋 17B

（2）杭州腾海科技有限公司

206 芬兰 Meridata 公司

英文全称：Oy Meridata Finland Ltd.

业务范围：该公司为海洋地球物理调查提供系统和软件支持。主要产品包括单频探测仪，浅层剖面仪，多模式声纳系统，浅地层剖面、侧扫及地震剖面综合采集系统等。

联系方式：电话：(+358) 1932-1912

邮箱：info@meridata.fi

公司地址：芬兰洛赫亚市维尤兰卡图路 41 号

公司网址：www.meridata.fi

国内代理商：

（1）青岛水德仪器有限公司

（2）杭州腾海科技有限公司

207 冰岛 Hafmynd 公司

英文全称：Hafmynd ehf.

业务范围：该公司已被 Teledyne Bethos 公司收购，其研发的水下机器人可携带传感器和自定义有效载荷模块，非常适合各种研究任务。它的模块化设计允许快速重新配置传感器和更换电池。Gavia 自主水下航行器（AUV）最初是于 1997 年与冰岛大学联合开发，产品用途广泛，可用于军事、科研、海洋环境监测、海底定位、能源矿产资源探测、海上搜救等。冰岛对此类产品出口中国并无限制，但其核心技术惯性导航系统来自美国和法国，出口中国须得到美国和法国的同意。

联系方式：电话：(+354) 511-2990

传真：(+354) 511-2999

公司地址：冰岛雷克雅未克

公司网址：www.teledyne.com

国内代理商：无

208 西班牙 AMT 公司

英文全称： Albatros Marine Technologies

业务范围： 该公司的主要产品有浮标和 ROV 水下机器人。该浮标可自主运行 7~14 天，对于短期海岸带科学研究、油污染跟踪、寻找和解救等非常适用。ROV 水下机器人，能够自动导航，自动驾驶而且易操作。为水下作业提高了效率、安全性、紧急情况应对能力。

联系方式： 电话：(+34) 9714-36016

邮箱：iamt@albatrosmt.com

公司地址： 西班牙巴黎阿里群岛帕尔马桑卡斯特罗区格雷米斐乐 30 号

公司网址： www.albatrosmt.com

国内代理商： 青岛国科海洋环境工程技术有限公司

209 新西兰 Zebra-Tech 公司

英文全称： Zebra-Tech Ltd.

业务范围： 该公司是水下环境监测和研究设备的设计制造商，是水下数据采集设备制造领域的知名厂商，主要产品包括光学溶解氧检测仪、水下光学镜头擦拭器、水下卡尺、水下地下水渗漏检测和采样设备等。

联系方式： 电话：(+64) 3548-0468

邮箱：sales@zebra-tech.co.nz

公司地址： 新西兰纳尔逊市交叉码头路 175 号

公司网址： www.zebra-tech.co.nz

国内代理商：

（1）青岛领海海洋仪器有限公司

（2）杭州腾海科技有限公司

210 澳大利亚 DSPComm 公司

英文全称：DSPComm

业务范围：该公司成立于 2000 年，从成立之时起，该公司就致力于水下无线调制解调器研究与开发。

联系方式：电话：(+66) 2564-7717

传真：(+66) 89244-9365

邮箱：info@nautilus-gmbh.com

公司地址：澳大利亚奥斯本公园

公司网址：www.dspcomm.com

国内代理商：北京大洋经略科技有限公司

211 澳大利亚 Fiomarine 公司

英文全称：Fiomarine

业务范围：该公司致力于设计和制造 Fiobuoy 系列释放器。

联系方式：电话：(+61) 36272-6167

传真：(+61) 36272-6264

邮箱：info@nautilus-gmbh.com

公司地址：澳大利亚塔斯马尼亚州

公司网址：www.fiomarine.com

国内代理商：上海精导科学仪器有限公司

212 俄罗斯 Elektropribor 公司

英文全称：Elektropribor

业务范围：该公司是俄罗斯顶尖高精度重力、陀螺仪、航海仪器的研究所。提供一系列的研发服务，是俄罗斯航海部门公认的生产和测试仪器设备的官方实验室和生产基地。该公司生产的 Chekan-AM 海洋重力仪由俄罗斯圣彼得堡研究所设计。

联系方式：电话：(+7) 812-232-5915

　　　　　　传真：(+7) 812-232-3376

　　　　　　邮箱：office@eprib.ru

公司地址：俄罗斯

公司网址：www.elektropribor.spb.ru

国内代理商：

（1）北京天顿工程设备有限公司

（2）北京中瑞陆海科技有限公司

213 俄罗斯科学院 P.P. 希尔绍夫海洋研究所

英文全称：P.P. Shirshov Institute of Oceanology of the Russian Academy of Sciences

业务范围：该所总部位于莫斯科，成立于 1946 年 1 月 31 日，其海洋探险、科学活动涉及了从北极区到南极洲的全世界大洋地区、地球上所有的海洋和大部分海底盆地，有关研究涉及到海洋科学的所有主要领域，有很多项著名的海洋科学发现。

联系方式：电话：(+7) 095-124-7940

　　　　　　传真：(+7) 095-124-5983

　　　　　　邮箱：marc@tritonsubs.com

公司地址：俄罗斯莫斯科

公司网址：www.ocean.ru/eng

国内代理商：无

214 日本 TSK 公司

英文全称：Tsurumi Seiki Co., Ltd.

业务范围：该公司致力于供应支持对水环境监测的各类仪器。其产品可以测量淡水和咸水的物理、生物和化学参数。主要覆盖海洋观测、淡水观测和大气观测等领域。其核心产品是投弃式电导率、温度、深度剖面测量仪（XCTD）。

联系方式：电话：(+81) 053-844-3663

传真：(+81) 053-844-3999

公司地址：日本静冈县

公司网址：www.tsk-jp.com

国内代理商：劳雷工业有限公司

215 日本 NiGK 公司

英文全称：NiGK Corporation Co., Ltd.

业务范围：该公司产品非常广泛，从海洋到外太空，产品包括海洋研究船用设备和海底资源勘探仪器，温度感应设备、灭菌装置等。

联系方式：电话：(+81) 033-986-3910

传真：(+81) 033-983-8286

邮箱：ngkmaster@nichigi.co.jp

公司地址：日本埼玉县川越市塲新町 21-2 号

公司网址：www. nichigi.com

国内代理商：青岛国科海洋环境工程技术有限公司

216 日本东京大学水下机器人技术与应用实验室（URA）

英文全称：Underwater Robotics & Application Laboratory, the University of Tokyo

业务范围：该实验室研究范围包括水下机器人、锚、散装货物运输等。水下机器人部分包括自主水下航行器（AUV）及其控制器、多车模拟器（MVS）、超声波探测仪绘制海底地图、水下机器人的视觉系统等。自主水下航行器有Pteroa150、Albac、Twin-Burger、Twin-Burger 2、manta-ceresia、R-one Robot、Tri-dog、Tantan、r2D4、Tuna-Sand等型号。

联系方式：电话：(+81) 035-452-6489

传真：(+81) 035-452-6489

邮箱：auvlab@iis.u-tokyo.ac.jp

公司地址：东京目黑区驹场4-6-1 东京大学工业科学研究所水下科技研究中心水下机器人技术与应用实验室

公司网址：www.underwater.iis.u-tokyo.ac.jp

国内代理商：无

217 日本海洋—地球科学技术局（JAMSTEC）

英文全称：Japan Agency for Marine-Earth Science and Technology

业务范围：该机构的主要目标是，通过对海洋基础研发及学术研究活动，推动海洋科学技术进步。设施与设备包括：研究船只及航行器、海洋观测系统、地球模拟器、展览设施等。现役研究船包括夏岛号、白凤丸号、海阳号、新生丸号，辅助船只横须贺号，载人研究潜水艇新海号，海洋调查船未来号，深海钻井船地球号，深海研究船海岭号。现役研究航行器包括深海巡航AUV浦岛号、3000米级遥控机器人超级海豚号、深洋底调查系统深拖号、7000米级遥控机器人海沟号。

联系方式：电话：(+81) 046-867-9070

传真：(+81) 046-867-9055

邮箱：www-admin@jamstec.go.jp

公司地址：日本神奈川县横须贺市夏岛町2-15

公司网址：www.jamstec.go.jp

国内代理商：无

218 日本 JFE Advantech 公司

英文全称： JFE Advantech Co., Ltd.

业务范围： 该公司原为川崎重工下属公司，于 1973 年分出成为独立的专业计量仪器制造商。公司分为水环境事业部、海洋河川事业部、计测诊断事业部和计量事业部。产品有水环境机器、计量机器、计测机器、设置诊断机器、硬度与厚度测试仪及环境计测试仪等系列产品。

联系方式： 电话：(+81) 035-825-5577

　　　　　　传真：(+81) 035-825-5591

公司地址： 日本兵库县西宫市高畑町 3 番 48 号

公司网址： www.jfe-advantech.co.jp

国内代理商：

（1）奥瑞视（北京）科技有限公司

（2）南京高辉商贸有限公司

（3）厦门欣锐仪器仪表有限公司

电话：0592-3110661，传真：0592-3761028

地址：厦门市园山南路 800 号联发电子广场 A 幢 1015 室

219 日本帝人株式会社

英文全称： Teijin Limited

业务范围: 该公司是日本知名的跨国公司,是日本化纤纺织界巨头之一。1993 年起，在南通经济技术开发区的投资下，相继建成了南通帝人公司、第一合纤公司、帝人汽车用布加工公司。日本帝人公司是在全球范围内开展高性能纤维及复合材料、电子材料及化学品、医药医疗用品、纤维产品及零售、IT 等业务的集团企业。

联系方式： 电话：(+81) 066-268-2132

公司网址： www.teijin.com

国内代理商： 帝人（中国）投资有限公司

电话：021-6213866

地址：上海市延安西路 2201 号

网址：www.teijin-china.com

220 韩国 EOFE 公司

英文全称： EOFE Ultrasonics CO., Ltd.

业务范围： 该公司专门从事超声波传感器制造，用于无损检测、空气耦合、高强度聚焦超声和声纳，同时还生产声纳产品，如回声测深仪，测高仪和扫描声纳的水下监测。如美国伍兹霍尔海洋研究所，美国地质调查局和世界各地的大学是公司的主要客户。年销售额总量略低于 100 万美元，其中出口占 21~30%。

联系方式： 电话：(+82) 023-158-3178

　　　　　　传真：(+82) 023-158-3179

公司地址： 韩国高阳市德阳谷花田东韩国航空航天大学企业孵化中心 303 室

公司网址： www.echologger.com

国内代理商： 青岛国科海洋环境科技有限公司

221 韩国大宇造船海洋株式会社（DSME）

英文全称： Daewoo Shipbuilding & Marine Engineering Co., Ltd.

业务范围： 该公司主要产品是 LNGC、LPGC、集装箱船，FPSO、RIG、Drill-Ship、海洋钻井平台等。其中 LNG 船在技术品质上处于世界领先地位，年产销量占整个世界 1/3 以上，排名世界第一位。

联系方式： 电话：(+82) 022-129-0114

　　　　　　邮箱：swirifish@dsme.co.kr

公司地址： 韩国首尔市中区南大门路 125 号

公司网址： www.dsme.co.kr

国内代理商： 山东 DSME 有限公司

电话：0535-3081002-8，传真：0535-3081009

地址：山东省烟台经济开发区八角

网址：www.dsme.cn

222 台湾大学海洋研究所

英文全称：Institute of Oceanography, National Taiwan University

业务范围：该研究所成立于1968年，为台湾省最早设立的海洋科学教学研究单位。研究涵括海洋物理、海洋化学、海洋地质暨地球物理、海洋生物和渔业等四大领域，是海洋科学研究的中坚单位，对于了解与保护海洋环境，促进海洋资源开发及永续利用，保育海洋生态，都有卓著贡献。负责管理"海研一号"研究船，并设有支援研究船营运的船务室及海洋探勘组。

联系方式：电话：(+886) 022-363-6040

邮箱：jylin@ntu.edu.tw

公司地址：台湾省台北市 106 罗斯福路四段一号

公司网址：www.oc.ntu.edu.tw

223 台湾 Dwtek 公司

英文全称：DWTEK Co., Ltd.

业务范围：该公司成立于1972年，致力于水下作业零件的生产制造，主要产品包括水密接插件、水密连接头、ROV以及水下摄像设备。

联系方式：电话：(+886) 043-502-4890

传真：(+886) 042-211-2890

邮箱：elaine@dwtek.com.tw

公司地址：台湾省台中市

公司网址：www.dwtek.com.tw

224 中国科学院沈阳自动化研究所

业务范围：该研究所拥有先进制造、智能机器、工业机器人、智能海洋装备及系统、特种机器人、工业数字化控制系统、无线传感与通信技术、新型光电系统、大型数字化装备及控制系统等。智能海洋装备主要产品包括遥控潜水器（ROV）、自主潜水器（AUV）、水下滑翔机、作业工具等。

联系方式：电话：024-23970012

传真：024-23970013

邮箱：siamaster@sia.cn

公司地址：辽宁省沈阳市沈河区南塔街114号

公司网址：www.sia.cas.cn

225 中国科学院测量与地球物理研究所

英文全称：Institute of Geodesy and Geophysics

业务范围：该所简称"测地所"，它是我国大地测量领域最早的科学研究机构，也是中国科学院唯一从事大地测量学研究的公益性研究所。

联系方式：电话：027-68881362

公司地址：湖北省武汉市

公司网址：www.whigg.cas.cn

226 中国科学院地质与地球物理研究所

英文全称：The Institute of Geology and Geophysics, China Academy of Sciences

业务范围：该所是1999年6月由中国科学院地质研究所（1951年在南京成立，其前身为1928年成立的中央研究院地质研究所和1913年成立的中央地质调查所）和中国科学院地球物理研究所（1950年在南京成立，其前身为1928年在南京成立的中央研究院气象研究所和 1929 年在北京成立的国立北平研究院物理研究所）整合而成，2004 年中国科学院兰州地质所并入本所，成立中国科学院地质与地球物理研究所兰州油气资源研究中心。同年，中国科学院武汉物理与数学研究所电离层研究室整体调整到本所。整合后的地质与地球物理研究所是目前中国最重要和最知名的地学研究机构之一。

联系方式： 电话：010-82998001
　　　　　　传真：010-62010846
公司地址： 北京市朝阳区北土城西路 19 号
公司网址： www.igg.cas.cn

227 中国科学院声学研究所

英文全称： The Institute of Acoustics of the Chinese Academy of Sciences
业务范围： 该所成立于 1964 年，其前身是电子学研究所的水声研究室、空气声学研究室、超声学研究室。主要从事声学和信息处理技术研究，特色研究方向包括：水声物理与水声探测技术、环境声学与噪声控制技术、超声学与声学微机电技术、通信声学和语言语音信息处理技术、声学与数字系统集成技术、高性能网络与网络新媒体技术。先后研制成功了窄带 ADCP 样机、宽带 ADCP 样机、150kHz 的船用多功能 ADCP 样机、150kHz 船用 ADCP 定型样机、系列自容式 ADCP 工程样机，此外，声学所还完成了 3 个型号多普勒计程仪的定型或鉴定。依托生产企业锦州航星集团有限公司进行多型号自容式 ADCP 产品的生产和销售工作，产品在多个项目中进行了实际应用。

联系方式： 电话：010-62644113
　　　　　　邮箱：ioa@mail.ioa.ac.cn
公司地址： 北京市海淀区北四环西路 21 号
公司网址： www.ioa.ac.cn

228 中国科学院声学研究所东海研究站

英文全称：ShangHai Acoustics Laboratory, Chinese Academy of Sciences

业务范围：该站主要从事水声导航技术、水声定位技术、水声探测和对抗技术、超声应用技术、数字通信及信息处理技术和医疗声学技术等领域的研究。东海研究站的战略定位是在声学和信号与信息处理领域。

联系方式：电话：021-64048159

　　　　　　传真：021-64174106

　　　　　　邮箱：renqiang@mail.ioa.ac.cn

公司地址：上海市徐汇区小木桥路 456 号

公司网址：www.shal.ac.cn

229 中国船舶重工集团公司第七〇二研究所

英文全称：702th Research Institute of CSIC

业务范围：该所主要从事船舶及海洋工程领域的水动力学、结构力学及振动、噪声、抗冲击等相关技术的应用基础研究，以及高性能船舶与水下工程的研究设计与开发。成功研制了大深度载人潜水器、掠海地效翼船、小水线面双体船、水翼船、援潜救生设备、Z 型全回转推进器、高速游艇、水上游乐设施、环保型保温棉生产线、以蓝藻打捞与处理、生态清淤装备为代表的水环境治理装备等系列产品，开发了 SHIDS 船舶性能设计系统等专用软件。

联系方式：电话：0510-85555311

　　　　　　传真：0510-85555193

　　　　　　邮箱：marc@tritonsubs.com

公司地址：江苏省无锡市

公司网址：www.cssrc.com.cn

230 中国船舶重工集团公司第七一〇研究所

英文全称：710th Research Institute of CSIC

业务范围：我国水中兵器、电子对抗、海洋工程、磁学专业国家重点骨干研究所，国家 863、973 计划高技术项目研究单位。拥有一支涉及机械、电子、水声、磁学、流体力学、探测制导、自动控制、精密仪器、计算机软硬件、系统仿真等专业经验丰富的科技队伍。产品包括水雷、深弹、反水雷、无源电子干扰、UUV、潜标、浮标、磁传感器、水下滑翔机、无缆便携式剖面仪、水下安防、海洋再生能源等。

联系方式：电话：0717-6427222
邮箱：13972013492@139.com

公司地址：湖北省宜昌市胜利三路 58 号

公司网址：www.csic710.com.cn

231 中国船舶重工集团公司第七一五研究所

英文全称：715th Research Institute of CSIC

业务范围：该所始建于 1958 年，为世界 500 强企业中国船舶重工集团公司的成员单位，坐落于杭州西子湖畔，是我国专业从事声学、光学、磁学探测设备研制的骨干研究所。所内建有声纳技术重点实验室、水声一级计量站等国家级技术机构，拥有大型室内消声水池、变温变压声学测试装置和国内一流的湖上试验基地，具备一流的总装、总成科研生产条件，是集研究、设计、制造、服务于一体的重点科研单位。

联系方式：电话：0571-56782000
传真：0571-56782333

公司地址：浙江杭州西湖区华星路 96 号

公司网址：www.715.com.cn

232 中国船舶重工集团公司第七二四研究所

英文全称：724th Research Institute of CSIC

业务范围：该所主要从事电子信息系统等大型装备的研制和生产，已研制生产了海鸥、海鹰、海神、海魂四大系列16个型号的探测系统和电子信息系统装备，目前大力发展环境探测系列产品、电子信息集成系统、超高速信号和信息处理系统、精密电子测试系统、成套工程和机电一体化产品等高新技术产业化项目。

联系方式：电话：025-58592612

传真：025-58801624

邮箱：suoban@china724.com

公司地址：南京市中山北路346号

公司网址：www.china724.com

233 中国海洋大学

英文全称：Ocean University of China

业务范围：中国海洋大学是一所以海洋和水产学科为特色，包括理学、工学、农学、医（药）学、经济学、管理学、文学、法学、教育学、历史学、艺术学等学科门类较为齐全的教育部直属重点综合性大学，是国家"985工程"和"211工程"重点建设高校之一，是国务院学位委员会首批批准的具有博士、硕士、学士学位授予权的单位。

联系方式：电话：0532-66782730

邮箱：president@mail.ouc.edu.cn

学校地址：青岛市崂山区松岭路238号

学校网址：www.ouc.edu.cn

234 天津大学

英文全称：Tianjin University

业务范围：天津大学是一所培养高等学历人才、促进科技文化发展的综合性大学。学校拥有文学类、理学类、工学类、管理学类学科高等专科学历、本科学历和硕士研究生学历教育；工学类、管理学类学科博士研究生学历教育，博士后培养资质。

联系方式：电话：022-87402173
　　　　　　邮箱：yanhuiwang@tju.edu.cn

学校地址：天津市南开区卫津路92号

学校网址：www.tju.edu.cn

 ## 235 哈尔滨工程大学

英文全称：Harbin Engineering University

业务范围：哈尔滨工程大学是中华人民共和国工业和信息化部直属的一所以船舶工业、海军装备、海洋工程、核能应用为特色的理工类全国重点大学，是国家"211工程"、"985工程优势学科创新平台"重点建设高校，是北京高科大学联盟成员，入选"111计划"、"卓越工程师教育培养计划"、"21世纪人才强军计划"、"国家建设高水平大学公派研究生项目"，由国防科工委、教育部、海军、黑龙江省人民政府四方共建，设有研究生院。

联系方式：电话：0451-82519222

学校地址：黑龙江省哈尔滨市南岗区南通大街145号

学校网址：www.hrbeu.edu.cn

 ## 236 西北工业大学

英文全称：Northwestern Polytechnical University

业务范围：该校位于古都西安，是中华人民共和国工业和信息化部直属的一所以航空、航天、航海工程为特色，工、理为主，管、文、经、法协调发展的研究型、多科性、开放式全国重点大学，是国家"985工程"、"211工程"重点建设高校，入选"2011计划"、"111计划"、"卓越工程师教育培养计划"，是"卓越大学联盟"、"中俄工科大学联盟"成员，中管副部级建制，设有研究生院。

联系方式：电话：029-88460721

　　　　　　传真：029-88491614

学校地址：西安市友谊西路127号

学校网址：www.nwpu.edu.cn

237 华中科技大学

英文全称：Huazhong University of Science and Technology

业务范围：该校是教育部直属的综合性全国重点大学，国家"985工程"、"211工程"、"2011计划"首批重点建设高校、中管副部级高校，"卓越工程师教育培养计划"、"卓越医生教育培养计划"、"111计划"、"千人计划"入选高校，是21世纪学术联盟、中俄工科大学联盟、中欧工程教育平台、七校联合办学、国家海外高层次人才创新创业基地成员，是与国家卫生和计划生育委员会共建医学院的十所院校之一，是拥有国家实验室和国家大科学中心的四所大学之一，是被美国制造工程师协会（SME）授予"大学领先奖"的两所中国大学之一，入选《Nature》评出的"中国十大科研机构"，被称作"新中国高等教育发展的缩影"。产品包括喷水推进型深海滑翔机、电能驱动型深海滑翔机、浮力调节装置、喷水推进器、伸缩天线、深度模拟装置、姿态模拟装置等。

联系方式：电话：027-87541769

　　　　　　邮箱：lbr@hust.edu.cn

学校地址：湖北省武汉市珞瑜路1037号

学校网址：www.hust.edu.cn

238 北京海兰信数据科技股份有限公司

英文全称：Beijing Highlander Digital Technology Co., Ltd.

业务简介：该公司成立于2001年，立足于航海电气与信息化领域，主要从事航海电气与信息化产品的研发、生产、销售及服务。拥有自主品牌的船载航行数据记录仪（VDR）、船舶远程监控管理系统（VMS）、船舶操舵仪（SCS）、雷达（RADAR）、电子海图显示与信息系统（ECDIS）、电罗经（GYRO）、桥楼航行值班报警系统（BNWAS）、综合船桥系统（IBS）、船舶电子集成系统（VEIS）、全球海上遇险和安全系统（GMDSS）等民用航海电子领域系列产品。

联系方式：电话：010-82158018
　　　　　　传真：010-82150083

公司地址：北京市海淀区清华科技园科技大厦C座19层

公司网址：www.highlander.com.cn

 ## 239 北京星网宇达科技股份有限公司

英文全称：Beijing StarNeto Technology Co., Ltd.

业务范围：该公司是国家级高新技术企业，是致力于惯性技术开发与产业化的领军企业。公司自2005年5月成立以来，坚持以惯性技术产业化为中心，以导航、测量与控制为基本业务点，为客户提供完善的解决方案和有竞争力的产品，服务于国防军工和国民经济多个领域。

联系方式：电话：010-88893232
　　　　　　传真：010-88861465
　　　　　　邮箱：jxbs@mail.ioa.ac.cn

公司地址：北京市海淀区

公司网址：www.imuworld.com

240 国家海洋技术中心

英文全称：The National Ocean Technology Center

业务范围：该中心创建于 1965 年，是隶属于国家海洋局的公益性事业单位。主要职能和基本任务是对国家海洋技术实施业务管理；为国家海洋规划、管理、能力建设和公益服务提供技术保障、技术支撑；同时担负我国海洋高新技术及前瞻性、基础性、通用性技术的研究与开发。中心拥有一支高素质的海洋监测技术科研开发队伍和一批高水平的专业实验室。中心已形成水文气象观测、卫星海洋遥感、生态环境监测、水声测量、浮标工程、系统集成、船用甲板装备、海洋可再生能源开发利用、海洋发展战略研究及技术经济研究等十余个专业和技术方向。

联系方式：电话：022-27536620
　　　　　　传真：022-27367824

公司地址：天津市南开区芥园西道 219 号增 1 号

公司网址：www.notc.gov.cn

241 天津海华技术开发中心

英文全称：Tianjin Hydrowise Technology development center

业务范围：该中心成立于 90 年代中期，秉承国家海洋技术的行业和技术优势，开展组织知识产权的海洋观测仪器装备的研发、生产、销售、技术支持与服务；并通过国家、地方和研究院所的支持，努力打造一个海洋技术成果转化的平台和实体。海华（Hydrowise）作为专业的海洋仪器研发、生产与服务的高技术企业，目前有员工 60 余人，6000 平米的产业化场地，具有大型可视压力试验罐、高精度温盐水槽等测试设施，规范化表面贴装电装生产车间，以及浮标、潜标、海床基大型设备装配和测试间等。

联系方式：电话：022-27686989
　　　　　　传真：022-27686510
　　　　　　邮箱：info@hydrowise.com.cn

公司地址：天津市南开区咸阳路 60 号

公司网址：www.hydrowise.com.cn

242 天津深之蓝海洋设备科技有限公司

英文全称：Deepinfar ocean Technology Co., Ltd.

业务范围：该公司是一家专业从事水下机器人研发的高科技企业。公司围绕海洋资源探测和海洋环境监测两大主题面向社会提供自主水下航行器（AUV）、水下滑翔机（Underwater Glider）以及缆控水下机器人（ROV）等小型水下运动载体的相关技术解决方案和产品。

联系方式：电话：400-0022-917

　　　　　　传真：022-59860759

　　　　　　邮箱：info@deepinfar.com

公司地址：天津开发区睦宁路 45 号津滨发展工业区 7 号

公司网址：www.deepinfar.com

243 中环天仪（天津）气象仪器有限公司

英文全称：Zhonghuan TIG (Tianjin) Meteorological Instruments Co., Ltd.

业务范围：该公司为原天津气象仪器厂，始建于 1956 年，隶属天津"中环天仪股份有限公司"。是目前国内专门从事地面与探空气象仪器设备研发、生产的骨干企业，国际气象水文组织成员单位、国家仪器仪表学会理事单位。公司拥有先进的加工制造设备和计量检定、检测手段，专业生产全系列风向、风速、降水、蒸发、辐射、温湿度、能见度、天气现象等近四十种余种传感器和仪器仪表，气象仪器，风向风速仪，雨量传感器，超声波测风，能见度仪达到国际领先水平；各类自动气象与环境监测网络系统；探空仪及地面数据处理系统；雨量、气压、湿度、温度系数、风洞等专业计量检定设备，并承接各种应急指挥、现场检定等专业车辆的设计改装。服务领域涉及气象、水文、环保、科研、交通运输及农业、能源、国防等各行业。

联系方式：电话：022-58389388

传真：022-58389386

邮箱：info@tjqx.com

公司地址：天津高新区华苑产业区（环外）海秦发展二路1号

公司网址：www.tjqx.com

244 山东省科学院海洋仪器仪表研究所

英文全称：Shangdong Institute of Ocean Instrument

业务范围：该所始建于1966年，是我国最早从事海洋监测技术理论研究和应用研究、海洋监测设备研究开发和产品生产的科研机构之一。主要研发方向为船舶气象、生态环境监测、海洋台站、船舶与港口装备、水声探测、海洋传感、深远海探测、水下焊接、海洋浮标和海洋遥感遥测等。

联系方式：电话：0532-82865446

传真：0532-82870927

邮箱：sdioi@sdioi.com

公司地址：山东省青岛市浙江路28号

公司网址：www.sdioi.com

245 青岛海山海洋装备有限公司

英文全称：Qingdao Hisun

业务范围：该公司成立于2012年，是由中国船舶重工集团公司第七一〇研究所投资设立的全资子公司。围绕海洋环境监测、海洋资源勘探、海洋可再生能源和水下安全防护四大方向的产品研制和产业化，优先推进成熟产品向产业转化，并将优势技术转化、引进高层次人才与资本运作相结合，加速推进海洋装备产业链延伸，公司总部位于青岛国家高新技术产业开发区，设南海、东海、北海和京津唐四大营销区。在青岛建立国际一流、国内知名的海洋装备研发及产业化基地，打造海洋装备及仪器仪表的世界知名的民族品牌。

联系方式：电话：0532-55678787

　　　　　　传真：0532-55678788

　　　　　　邮箱：qdhisun@qdhisun.com

公司地址：青岛市国家高新技术产业开发区松园路 17 号

公司网址：www.qdhisun.com

246 青岛华凯海洋科技有限公司

英文全称：Qingdao Huakai Marine Science and Technology Co., Ltd.

业务范围：该公司（又称青岛海丽公司）始建于 1922 年，是中国最早的专业绳缆生产企业。在近一个世纪的发展历程中，公司始终致力于各类绳缆的研发、生产和技术服务，在海洋特种绳缆、军事特种绳缆、工业安全绳缆等特种绳缆生产和应用领域积累了丰富经验，为国家"蛟龙号"深潜器、联合国维和部队、国家航天局、公安特警等客户，以及海洋研究、物探、极地科考等重大项目提供产品和技术支持。

联系方式：电话：0532-84856993

　　　　　　传真：0532-84883853

　　　　　　邮箱：hk@qingdaohk.com

公司地址：山东省青岛市市北区大沙路 2 号

公司网址：www.qingdaohk.com

247 中国航天科技集团公司五院 513 所

业务范围：该所形成了信息系统与综合电子、测控与通信、电力电子、计算机应用以及器件应用验证五个专业领域，建成了完整的适应宇航和武器产业要求的电子产品科研、生产、试验体系，形成了从前沿技术跟踪、论证，到原理样机研制、产品工程化实现，以及技术成果转化的完整链条。研制的产品广泛应用于卫星、飞船、火箭和导弹武器领域，分布于空间飞行器数管、测控、总体电路、环控生保、医监医保、仪表与照明和综合电子、通信等领域。

联系方式：电话：党政办公室：0535-6928066

人力资源处：0535-6928048

航天应用处：0535-6928070

传真：0535-6928088

邮箱：513dzb@sina.com

公司地址：山东烟台

公司网址：www.spaceshandong.com

248 苏州桑泰海洋仪器研发有限责任公司

英文全称：Suzhou Soundtech oceanic instrument Ltd.

业务范围：该公司是国家高新技术企业，是由国内知名专家学者创建的水下信息网技术中心和成果转化基地。公司自成立以来，已通过自主研发和独占授权的方式申请和获得各项知识产权 50 余件，其中各类专利 10 余件。目前已形成了以高分辨率水声成像技术和水声通信组网技术为核心的一系列专有技术和高科技产品。其中包括合成孔径侧视声成像系统、前视声成像系统、水声通信机、海底勘测声缆、UUV 的有效载荷、水下对讲机、单波束测深仪等具有自主知识产权的核心产品。

联系方式：电话：0512-62700809

传真：0512-62700096

邮箱：market@sz-soundtech.com

公司地址：江苏省苏州工业园区星湖街 218 号 C4 楼 101

公司网址：www.sz-soundtech.com

249 扬州巨神绳缆有限公司

英文全称：Yangzhou Jushen Rope Cable Co., Ltd.

业务范围：该公司产品主要有超高分子聚乙烯（UHMWPE）、芳纶（PPTA）、高性能聚酯聚丙烯混编（PET+PP）、聚酯（涤纶 PET）、聚酰胺（锦纶、尼龙 PA）、聚丙烯（丙纶 PP）和聚乙烯（乙纶 PE）等系列缆绳产品。

联系方式：电话：0514-88776988
　　　　　　传真：0514-88779158
　　　　　　邮箱：jsrope@yzjsrope.cn
公司地址：江苏省扬州市
公司网址：www.yzjsrope.cn

250 戴铂新材料（昆山）有限公司

英文全称：DIAB (Kunshan) Co., Ltd.
业务范围：五十多年来，该公司一直是复合夹芯材料发展的知名公司，为市场提供了广泛的材料服务，业务覆盖船舶、风能、交通运输、航空航天和工业领域。
联系方式：电话：0512-57630505
　　　　　　传真：0512-57631800
　　　　　　邮箱：info@cn.diabgroup.com
公司地址：江苏省昆山市开发区太湖路 27 号
公司网址：www.diabgroup.com/zh-CN

251 无锡海鹰加科海洋技术有限责任公司

英文全称：Wuxi Haiying-Cal Tec Marine Technology Co., Ltd.
业务范围：该公司由中船工业下属企业海鹰集团控股，主要从事水道测量、水文测验、海洋调查、海洋地球物理勘测等有关海洋电子设备的研制开发、生产、销售和进口代理业务。公司自主产品包括海洋测深仪器、海洋调查仪器、海洋地球物理勘测设备、导航定位设备和相关软件，代理产品包括 Reson、ATLAS 等品牌的各类探测设备，SMC、CodeOctopus 等品牌的姿态仪等。公司年营业额超过 1 亿元。
联系方式：电话：0510-88669696
　　　　　　传真：0510-88669700
　　　　　　邮箱：sales@haiyingmarine.com

公司地址：江苏省无锡市梁溪路 20 号
公司网址：www.haiyingmarine.com

252 杭州瑞声海洋仪器有限公司

英文全称：Hangzhou Resound Marine Instruments Co., Ltd.

业务范围：该公司是一家专业从事与海洋、湖泊和河流的勘查以及测量等有关的仪器设备研究、设计和生产，并为用户提供方便快捷的服务，由中船重工 715 研究所控股。拥有自主知识产权的海洋监测仪、海流测量仪、海底地形地貌测绘仪、磁力探测仪等四大系列多型产品，包括侦测干扰声纳、相控阵声学海流剖面仪（PAADCP）、拖曳式多参数剖面测量系统、浅地层剖面仪、浅水多波束声纳、三维声学摄像声纳、水声 MODEM、数字式海洋磁力仪、高分辨率彩色水平鱼探仪和各类海洋浮标、潜标等。

联系方式：电话：0571-56782158
邮箱：hzrs715@yahoo.com.cn

公司地址：浙江省杭州市西湖区留下街道屏峰 715 号
公司网址：www.hzrs.com.cn

253 杭州应用声学研究所

业务范围：该所是我国最早专业从事声学技术装备开发的科研机构，集声学、电子、计算机、信号处理、自动控制、机械制造、传感器等多种学科和专业于一体，是一所技术力量雄厚、专业配套齐全、科研条件先进完善、生产集成能力较强的应用开发研究所。该所已开发了油田液面检测仪、游泳池报警器、电除尘控制器、汽油发电机数码电源、风力发电机控制器、超声电源、超声波明渠流量计、多波束浅海地形测量系统、彩色水平鱼探仪等多款民用产品。

联系方式：电话：0571-56782205
传真：0571-56782333
邮箱：hzsxyj@126.com

公司地址：浙江省杭州市华星路 96 号
公司网址：www.715.com.cn

254 嘉兴中科声学科技有限公司

英文全称：Jiaxing Zhongke Acoustic Tech Co., Ltd.

业务范围：该公司成立于 2007 年 9 月，由中国科学院声学研究所嘉兴工程中心与嘉兴科技城管委会共同出资创建。本公司依托于中国科学院声学研究所嘉兴工程中心的技术力量，充分发挥和利用地方政府各方资源，面向国家需求和地方科技发展需求，致力于电声检测仪器的研制和销售，以技术服务企业，以提高企业市场竞争力为目标。

联系方式：电话：0573-82585268
　　　　　传真：0573-82585266
　　　　　邮箱：jxbs@mail.ioa.ac.cn

公司地址：浙江省嘉兴市南湖区
公司网址：www.jxzksx.com

255 浙江中航电子有限公司

业务范围：该公司是集开发、研制、生产和销售为一体的专业军用电连接器科研生产单位，是浙江省航空航天学会理事长单位。公司长期致力于电连接器的技术开发，2012 年度被认定为"省级高新技术企业"，自主研发了各类电连接器共计 39 个系列、1200 多个品种。产品主要包括圆形、矩形、滤波、抗核电磁脉冲、高速传输、深水密封电连接器、集成化电缆组件和传感器等。

联系方式：电话：0571-88304960
　　　　　传真：0571-88304960
　　　　　邮箱：zjzhdz2002@163.com

公司地址：浙江省杭州市
公司网址：www.zjzhdz.com.cn

256 西安天和防务技术股份有限公司

业务范围： 该公司是一家以连续波雷达技术和光电探测技术为核心的侦察、指挥、控制系统的研发、生产、销售及技术贸易为主营业务的民营高科技军工企业。经过多年的发展和积累，公司已形成"区域低空近程与地面侦察作战指挥系统、高端安全防务系统、通用航空空域监视及管理服务系统、海洋电子综合探测系统"四大技术产品领域，取得了参与国防武器科研生产的全套资质。公司已有国内军品型号 4 个，军贸出口型号 6 个，产品装备了国内数十个防空区并出口多个国家。

联系方式： 电话：029-88452688
　　　　　　 传真：029-88452228
公司地址： 陕西省西安市高新技术开发区科技五路 9 号
公司网址： www.thtw.com.cn

257 湖北海山科技有限公司

英文全称： Hubei Haishan technology Co., LTD.

业务范围： 该公司成立于 2006 年，与中国船舶重工集团公司第七一〇研究所、三峡大学签定了产学研长期合作协议，在海洋工程技术、电子信息技术、磁技术、机电一体化技术、新材料技术等领域展开长期密切合作。公司主导产品有深海实时传输潜标、浅海剖面浮标、阶梯式登山机、电子产品自动检测系统、海洋倾废船动态实时监管仪、船舶气象自动测报系统和可加工固体浮力材料等。全部拥有知识产权，其中阶梯式登山机和实时传输潜标为填补国内空白产品。"HiSun"牌阶梯式登山机市场占用率达 60%，并出口到欧美 7 个国家和地区。

联系方式： 电话：0717-6907377/7378
　　　　　　 传真：0717-6907399
　　　　　　 邮箱：sales@haishantech.com
公司地址： 湖北省宜昌市胜利三路 58 号
公司网址： www.haishantech.com

258 武汉德威斯电子技术有限公司

英文全称：Wuhan Devices Electronic Technology Co., Ltd.
业务范围：该公司创建于 2003 年，是专业从事民用产品的微波隔离器（环形器）、射频同轴连接器和射频同轴电缆，以及雷达、军用天馈系统（双工器、耦合器、滤波器、功分放大器、合路器、负载）等电子产品组件的研发、生产、销售服务的高新技术企业。
联系方式：电话：027-59700280
　　　　　　邮箱：xjxu@fingu.com
公司地址：湖北省武汉市东湖新技术开发区
公司网址：www.devices.com.cn

 259 中船重工中南装备有限责任公司

业务范围：该公司主要从事海洋与大气环境探测精密仪器设备研发、制造、销售及售后服务；自营和代理各类商品及技术的进出口业务。
联系方式：电话：0717-6331342
　　　　　　传真：0717-6331344
　　　　　　邮箱：znpl_csic@163.com
公司地址：湖北省宜昌市西陵区青岛路 21 号
公司网址：www.hbznpl.com

 260 广州海洋地质调查局

英文全称：Guangzhou Marine Geological Survey
业务范围：该单位是直属国土资源部中国地质调查局的多学科、多功能海洋地质调查研究机构，主要从事国家基础性、综合性、战略性和公益性的海洋地质调查研究工作。

联系方式：电话：020-87755461

公司地址：广东省广州市环市东路 477 号

公司网址：www.gmgs.cn

261 广州中海达卫星导航技术股份有限公司

英文全称：Hi-Target Survey Instruments Co., Ltd.

业务范围：该公司成立于 1999 年，始终专注测绘与地理信息领域，长期致力于 GNSS 核心技术研发，积累了大量的自主知识产权和软件著作权，是国家高新技术企业和优秀软件企业。公司的双频 GPS 接收测量技术、高精度 GIS 数据采集处理技术、超声波测深测量技术等被评定为"国内著名，国际先进水平"。同时，该公司代理有国外多个公司的海洋测绘仪器设备。

联系方式：电话：400-678-6690

　　　　　传真：020-22883900

公司地址：广东省广州市

公司网址：www.hi-target.com.cn

262 广州南方卫星导航仪器有限公司

英文全称：South Surveying & Mapping Instrument Co., Ltd.

业务范围：该公司隶属于南方测绘集团，是致力于高精度卫星导航定位产品的研发、生产、销售于一体的高新技术产业公司。产品涵盖：北斗核心板卡、一体化 RTK GNSS 测量系统、手持 GIS 数据采集系统、GNSS 连续运行参考站系统（CORS）、水上双频 RTK 测量系统、星站差分系统、一体化变频测深仪以及相关软件等。

联系方式：电话：020-22828899

　　　　　传真：020-22131299

　　　　　邮箱：master@southgnss.com

公司地址：广东省广州市科韵路软件园建中路 52 号导航大厦

公司网址：www.southgnss.com

263 广州南方测绘仪器有限公司

英文全称：South Surveying & Mapping Instrument Co., Ltd.

业务范围：该公司 1989 年创立于广州，已经成为一家集研发、制造、销售和技术服务为一体的专业测绘仪器、地理信息产业集团。长期以来，南方测绘坚持自主创新，陆续实现测距仪、电子经纬仪、全站仪、GPS、CORS 等一系列测绘仪器的国产化，取得了一系列拥有自主知识产权的技术成果。

联系方式：电话：020-23380888
　　　　　　传真：020-85524889
　　　　　　邮箱：mail@southsurvey.com

公司地址：广东省广州市天河区科韵路 26 号测绘大厦 3 楼

公司网址：www.southsurvey.com

264 中山市探海仪器有限公司

业务范围：该公司成立于 2000 年，是注册在国家中山火炬高技术产业开发区的高新技术企业。旨在开发制造浮标及海洋探测产品，解决国内应用部门的各种需求。

联系方式：电话：0760-85598100
　　　　　　传真：0760-85288708
　　　　　　邮箱：sales@china-osb.com

公司地址：广东省中山市火炬开发区

公司网址：www.china-osb.com

265 珠海云洲智能科技有限公司

英文全称：YunZhou-Tech Co., Ltd.

业务范围：该公司创立于 2010 年，是一家专注于将智能机器人自动控制技术、信息与通信技术应用于环境保护领域的高科技公司，是水面机器人的研发和供应商，拥有产品的完全知识产权。公司现有一支管理规范、运行高效、热情创新的团队，技术涵盖机器人自动控制、机械设计与制造、人工智能、水质监测、软件编程、无线通信和嵌入式系统等多个领域。

联系方式： 电话：0756-3626636

传真：0756-3626619

邮箱：info@yunzhou-tech.com

公司地址： 广东省珠海市高新区南方软件园 D2-214 室

公司网址： www.yunzhou-tech.com

266 深圳市智翔宇仪器设备有限公司

英文全称： Flying-Wis instruments Co., Ltd.

公司简介： 该公司是一家专门从事仪器设备研发与生产的高科技企业。技术力量雄厚，公司研发人员都有多年的仪器设备开发经验。公司自主研发了"超声波风速风向仪"。

联系方式： 电话：0755-83161971 市场部（8001）技术部（8002）

传真：0755-83165369

邮箱：sz_zhixiangyu@163.com

公司地址： 广东省深圳市龙华新区民乐科技园 E 栋三楼西侧

公司网址： www.flying-wis.com

国内经销代理商

1 北京奥克希尔公司

英文全称：Beijing Oak Hill Science & Trade Co., Ltd.

业务范围：该公司从事自动化仪器仪表技术咨询和服务业务，是英国 Biral 公司气象产品中国总代理。代理品牌：Biral、Gill 等。

联系方式：电话：010-83558495

　　　　　　传真：010-83558496

　　　　　　邮箱：mayuanwell@163.com

公司地址：北京市宣武区枣林前街 37 号裕隆苑宾馆南楼 315

公司网址：www.oakhill.com.cn

2 北京市腾安瑞思达能源科技有限公司

英文全称：Beijing TechEnergy Co., Ltd.

业务范围：该公司主要面向石油天然气行业，业务板块主要包括进口设备代理、专业设备出口以及油气地质勘察综合服务，业务范围主要涉及勘探、管道和钻井等。在设备代理方面，与欧美油气技术发达国家进行合作，是众多油气地质勘察业内厂家诸如 SAAB、Trimble、Sonadyne、BOLT、Atlas Copco 等一流厂家的中国代理及代表；是全球第二大海洋油气测量勘察服务商美国 C&C Technologies Inc. 在中国的战略合作伙伴，长期与中海油、中石油和中石化进行海洋钻井平台和海底输油管道方面的勘察和技术服务合作。

联系方式：电话：010-58815986

传真：010-58815985

邮箱：sales@techenergyintl.com

公司地址：北京市海淀区长春桥路 11 号万柳亿城中心 C2-502 室

公司网址：www.techenergyintl.com

3 北京泰富坤科技有限公司

英文全称：Beijing Time Frequency Technology Co., Ltd.

业务范围：该公司是一家以电子信息系统研发、集成及技术服务为主体的高新技术企业。主要从事海洋信息系统集成以及时频、通信、导航、测量、水下工程设备、水下机器人等系统的开发和引进，并提供相关技术服务。公司已经与国内外著名专业测量设备厂商和工程公司建立了良好合作关系。如挪威 Kongsberg、Miros，德国 ATLAS、EvoLogics、Optimare，奥地利 Schiebel，瑞典 Ocean Modules，荷兰 SeaDarQ，加拿大 Shark Marine 和 BlueView 等。

联系方式：电话：010-82862236 /88873492

传真：010-82861388

邮箱：support@time-f.com

公司地址：北京市海淀区学院南路 2 号融科资讯 C 座南 1103 号

公司网址：www.time-f.com

4 北京联洲海创科技有限公司

英文全称：Beijing Ocean Seeker Technical Co., Ltd.

业务范围：该公司致力于引进海洋高科技产品、提供系统集成、产品售前售后服务和技术培训。主要经营水下机器人（ROV）；水面无人测量/调查机器人（USV）；无人自主机器人（AUV）；水下视频监控系统；潜水员视频通话系统、超远程水声电话、水下长基线、短基线、超短基线声学定位系统；水下声学环境模拟器系统；高速水声通信机（水声 MODEM）；扫描声纳、多波束扫描成像声纳系统；特种光纤、光学封装等。

联系方式：电话：010-88589235/6
　　　　　传真：010-62982296
　　　　　邮箱：info@oceanseeker.cn
公司地址：北京市海淀区信息路甲 28 号科实大厦 B 座 11B
公司网址：www.oceanseeker.cn

5　北京双杰特科技有限公司

英文全称：BST Instruments China Co., Ltd.
业务范围：该公司与国外土木工程领域的 40 多个知名厂家有着广泛的联系，如美国 GCTS 公司和日本诚研社等著名制造厂家。产品范围涉及岩土测试仪器，如可燃冰三轴仪，冻土三轴仪，高温高压岩石三轴仪，真三轴仪和动态环剪仪等；高级沥青混合料试验仪器等。代理品牌：WISON、ROSEN、DWS、SKID、T bar 等。
联系方式：电话：010-82251761/82251762
　　　　　邮箱：info@btstest.com
公司地址：北京市朝阳区裕民路 12 号元辰鑫大厦 E1 座 0308-0310 室
公司网址：www.bsttest.com

6　北京赛迪海洋技术中心

英文全称：Seismic（Beijing）Marine Technology Center
业务范围：该公司是以高科技工业专用设备为主体的系统集成和服务公司。协助中国海洋，地质勘探，航道测量，水文气象，海军等有关单位引进多波速海底图形系统、旁扫声纳、浅地层剖面仪、水下电视与光学器材、水下机器人、水听器、换能器、地震电缆、特种电缆、特种绞车以及各种海洋水文方面的潜标系统、温盐深记录器、流速剖面仪和水流、浪潮和水质测试用高新技术设备。代理产品如 Klein 公司的海洋物探和测绘仪器，RESON 公司的水听器等传感设备，R-Series 水下通信设备等。
联系方式：电话：010-88876983

传真：010-88879252

邮箱：info@seismicmarine.com.cn

公司地址：北京市海淀区曙光花园中路11号楼北京农科大厦B座2F215室

公司网址：www.seismicmarine.com.cn

7 北京世纪浅海海洋气象仪器有限公司

英文全称：Beijing Century Shallow-Sea Marine and Meteorological Instrument Co., Ltd.

业务范围：该公司是美国浅海技术开发有限公司和香港浅海技术有限公司在中国大陆的技术支撑单位。提供各类世界先进产品、设备的选型、采购，系统解决方案及集成，并向用户提供市场信息、安装调试、技术培训、售后技术支持等一整套服务。引进了一系列海洋观测、海洋调查、海洋环境监测和气象观、探测仪器设备。代理品牌包括：McLane、ACSA、NKE、Metocean、LinkQuest、Idronaut等。

联系方式：电话：010-62179137

传真：010-68426434

邮箱：sstdzy@vip.sina.com（气象）

yl@vipsstd.com（海洋）

公司地址：北京市海淀区西三环北路50号院6号楼豪柏大厦502

公司网址：www.shallow-sea.com

8 北京天顿工程设备有限公司

英文全称：Beijing Sinotanden Engineering Co., Ltd.

业务范围：该公司是以专业勘探设备、通信设备为主体的系统集成及技术服务公司，产品技术领域主要为地球物理勘探、海洋科学调查和地震监测。分别代理了俄罗斯GT系列航空和海洋重力仪、德国GeoPro公司海地地震仪（OBS）、荷兰GEO公司的海洋地震仪、加拿大seamor公司水下机器人（ROV）、美国

Syqwest 公司的浅地层剖面仪（bathy-2010 系列海洋产品和 stratabox）、加拿大 Marine Magnetics Corp 公司的 seaspy 海洋磁力仪和美国 EENTEC 公司地震监测仪等相关产品。

联系方式：电话：010-51722509/51722506
手机：13501132657
传真：022-27686510
邮箱：td@sinotanden.com

公司地址：北京市海淀区彩和坊路 10 号 1+1 大厦 508
公司网址：www.sinotanden.com

9 北京博伦经纬科技发展有限公司

英文全称：Bolun Jingwei Co., Ltd.

业务范围：该公司专业致力于气象、农业，生态、环境，水质等方面仪器的推广，同时代理 HOBO，Campbell，Hukseflux 等国际知名公司气象和辐射产品。引进国内外各种先进的在线、离线仪器仪表、机电矿山设备、机械设备与材料，尤其涉及石油、化工、环保、电子、冶金、机械、光学、通信、科技教学，网络设备，生产制造、系统集成、工程咨询、维修服务，技术服务，技术开发，技术咨询等领域。

联系方式：电话：010-56187396
传真：010-82986829
邮箱：flower228@126.com

公司地址：北京市海淀区西三旗上奥世纪中心 1 号楼 2 单元 401 室
公司网址：www.bljw.com.cn

10 北京欧仕科技有限公司

英文全称：Beijing Osees Technology Co., Ltd.

业务范围：该公司是专业仪器设备代理公司，产品主要应用于生态、环境和海洋等领域。同多家国际知名的仪器制造商建立了合作关系，负责其产品在中国大陆的销售推广、技术支持和售后服务等活动。代理品牌包括：加拿大 Herson、挪威 SAIV A/S、瑞士 Buchi 和英国 Palintest 等。客户主要集中于高校、科研院所和国家监测机构等单位。

联系方式： 电话：010-58235731

　　　　　　传真：010-58235732

　　　　　　邮箱：sales@osees.com.cn

公司地址： 北京市朝阳区慧忠北里 109 楼 1008 室

公司网址： www.osees.com.cn

11 北京美科天成科技发展有限公司

英文全称： Tek Meridian System Solution Co., Ltd.

业务范围： 该公司业务范围主要涵盖大地测量、海洋测绘和航测遥感等行业应用领域。同全球众多知名厂商建立了良好的合作关系，包括：GPS 行业巨头美国 Trimble 公司、全球知名的多波束声纳制造商丹麦 Reson 公司、水下 ROV 全球市场占有率第一的英国 SAAB Seaeye 公司、全球知名海洋工程服务商美国 C&C 公司、航测遥感领域的领导厂商欧洲宇航防务集团（EADS）旗下的 Spot Infoterra 公司等。

联系方式： 电话：010-68728617

　　　　　　传真：010-68728663

　　　　　　邮箱：sales@tekmeridian.com

公司地址： 北京市海淀区北洼路 4 号华澳中心嘉慧苑 7 层

公司网址： www.tekmeridian.com

12 北京天诺基业科技有限公司

英文全称： Beijing Techno Solutions Co., Ltd.

业务范围： 该公司其业务范围分为气象领域、地基遥感领域和水温水质领域。

气象领域： 是美国 Campbell 公司、荷兰 KIPP&ZONEN 公司、美国 Onset 公

司等世界著名气象系统与传感器供应商在华代理及技术服务中心。地基遥感领域：分别与德国 Scintec 公司、美国 Yankee 公司、荷兰 Kipp&Zonen、美国 Intermet 等多家国际遥感仪器制造厂家建立战略合作关系，可提供边界层大气风廓线、温湿廓线、降水测量、大气辐射等多项指标的测量仪器及系统。水文和水质领域：采用美国 Campbell 公司的数据采集系统，可进行长期、可靠而且精确的测量。

公司网址：www.technosolutions.cn

一北京办公室

电话：010-88019622，传真：010-88019651

邮箱：sales@technosolutions.cn

地址：北京市海淀区马甸东路 17 号金澳国际 603 室

一南京办公室

电话：025-66921897

邮箱：longjy@technosolutions.cn

地址：江苏省南京市江宁区双龙大道 1198 号金长城大厦 5 楼 5688 室

一广州办公室

电话：020-37154200，传真：020-37154200

邮箱：cyd@technosolutions.cn

地址：广东省广州市天河区燕岭路 93 号新燕大厦 1408

一兰州办公室

电话：0931-8884287，传真：0931-8884287

邮箱：duanx@technosolutions.cn

地址：甘肃省兰州市城关区甘南路 82 号金色家园 5 单元 2008 室

一武汉办公室

电话：027-87157506

邮箱：machy@technosolutions.cn

地址：湖北省武汉市洪山区广埠屯广八路银海雅苑 B 座 1913 室

一重庆办公室

电话：023-62816702

地址：重庆南岸区江南大道 8 号万达广场 4 栋 12-20 室

13 北京博海瑞达科技发展有限公司

英文全称：Beijing OceanStar Sci&Tech Develop Co., Ltd.

业务范围：该公司致力于引进世界先进仪器为海洋、水文、气象用户提供仪器系统解决方案的专业技术公司，仪器经销范围主要涵盖海洋测绘、海洋导航、海洋水文监测、海上交通安全、海洋地质勘察、船舶跟踪与定位等应用领域。与国内外诸多设备生产商建立了良好的合作关系，包括世界知名的 GPS 生产商 Trimble 公司，多谱勒剖面流速仪生产厂商 RDI 公司、美国最大的测深仪生产商 ODEC 公司，美国海洋仪器生产商 JW.fisher 公司，法国 NKE 电子公司等。公司依托生产厂商强大实力全力为用户提供优秀的系统工程解决方案。所经营的产品主要包括 GPS、单双频测深仪、浅地层剖面仪、侧扫声纳、水下摄像机、海洋底质取样器、遥测波浪仪、海床侵蚀监测仪、激光粒度分析仪、多谱勒剖面流速仪等诸多海洋水文仪器。

联系方式：电话：010-84827216
　　　　　　传真：010-84827216

公司地址：北京市朝阳区锦芳路 1 号院 3 号楼 411

公司网址：www.oceanstar.org.cn

14 北京恒远安诺科技有限公司

英文全称：AnNova Tech Co., Ltd .

业务范围：该公司致力于为客户提供德国及欧洲生产的各类工控机电设备、仪器仪表、零配件，公司总部设在欧洲航空中心法兰克福，100% 从德国工厂直接采购。代理品牌包括：HACH，Palintest，Honeywell，Merck 等。

联系方式：电话：010-87951529/15836999562
　　　　　　传真：010-87951709
　　　　　　邮箱：13241224321@163.com

公司地址：北京市朝阳区大郊亭桥华腾国际 3 号楼 11A

公司网址：www.annovatek.com

15 北京渠道科学器材有限公司

英文全称： Beijing Channel Scientific Instruments Co., Ltd.

业务范围： 该公司专业致力于土壤、植物、环境、水文、气象和动物等生理生态、环境水文领域的教学、科研和应用仪器的销售、研发和服务，是全球几十家同类仪器生产商在中国的销售服务中心。代理品牌包括：Onset，Tetracam，Data Tanker 和 Syntech 等。

联系方式： 电话：010-62111044/62152442

　　　　　　传真：010-62114847

　　　　　　邮箱：Sales@Qudao.com.cn

公司地址： 北京市海淀区大钟寺 13 号华杰大厦 7B15 室

公司网址： www.qudao.com.cn

16 北京海洲赛维科技有限公司

英文全称： Beijing Hydrosurvey Science&Technology Co., Ltd.

业务范围： 该公司主要从事海洋测量、水文测量、气象观测、水文绞车、大地测量、工程测量、变形监测等工程及海洋声纳、船用调查科考设备及工程测绘仪器的代理和销售。代理品牌包括：葡萄牙 MarSensing 公司和美国 In-situ 公司。同时以 GIS、RS、GPS 为核心技术进行软件产品开发、系统集成、技术咨询、空间数据生产等。公司业务覆盖全国各省市，涉及航道测量疏浚、海岸带研究、水文监测、工程测量、海洋生物监测、水下工程、海洋科考及调查等多个行业。

联系方式： 电话：010-68423318/60789279/1860120664

　　　　　　传真：010-60789279-602

　　　　　　邮箱：hydrosurvey@163.com

公司地址： 北京市回龙观西大街 9 号

公司网址： www.hydrosurvey.cn

17 北京大洋经略科技有限公司

英文全称：Beijing OceanEco Technology Co. Ltd.

业务范围：该公司是一家从事为海洋科学调查、海洋工程、航海安全、海洋环境保护和监测等领域提供科学仪器设备和系统解决方案的专业公司。北京大洋经略科技有限公司和多家国内外知名厂商建立了合作关系，产品涉及多个应用领域。代理品牌包括：SharkMarine 公司，Subsea7 公司，Seamagine，COMEX，Triton 等。主要产品包括各种级别水下机器人 ROV/AUV、水下机器人开发系统、水声通信、3D 航海导航系列、实时高精度 GPS 定位系统、测深仪、浅地层剖面仪、多波束和单波束侧扫声纳系统、海洋数据处理软件等。

联系方式：电话：010-59713695

传真：010-59713697-802

邮箱：lwflhd@126.com

公司地址：北京市海淀区上地十街 1 号院（辉煌国际）1 号楼 12 层 1205 室

公司网址：www.oceaneco.cn

18 北京合众思壮科技股份有限公司

英文全称：Beijing UniStrong Co., Ltd.

业务范围：该公司成立于 1994 年，始终专注于卫星导航定位技术的研究与应用，到今天已经发展成为中国卫星导航定位领域中，横跨专业与民用两大类市场的龙头企业。产品线包括 GIS 采集、GIS 数据处理分析、高精度测量等，产品与服务遍及林业、农业、国土、电力、电信、卫生、教育、石油、交通等 40 多个国民经济基础领域。

公司网址：www.unistrong.com

—北京分公司

电话：010-58275000，传真：010-58275100

邮箱：UniStrong@UniStrong.com

地址：北京市朝阳区酒仙桥北路甲 10 号院 204 号楼

—上海分公司

电话：021-51538880/51538883

传真：021-51727711

邮箱：ShStrong@UniStrong.com

地址：上海市徐汇区田州路 159 号 12 单元 1 楼

—广州分公司

电话：020-28850168/85532088

传真：020-28850086/87

邮箱：GzStrong@UniStrong.com

地址：广州市天河软件园建中路 60 号科讯大厦 2 楼 208 室

19 北京普瑞亿科科技有限公司

英文全称：Beijing Pri-eco Technology Co., Ltd.

业务范围：该公司以经营环境气象、植物生理生态和海洋监测类仪器为主，兼顾自主创新研发。作为美国 Coastal 公司的中国区独家代理商，致力于环境气象系统的方案解决和实施；作为美国 Picarro 公司的核心代理商，全面负责其稳定性同位素和超痕量气体分析设备在中国的推广销售和售后支持等工作。

联系方式：电话：010-51651246

传真：010-88121891

邮箱：info@pri-eco.com

公司地址：北京市海淀区瀚河园路自在香山 159 号楼 2 单元 202

公司网址：www.pri-eco.com

20 北京远航信通科技有限公司

英文全称：Beijing Runhigh Co., Ltd.

业务范围：该公司作为北京远航信达科技有限责任公司的下属研发机构，主要是以新能源和卫星定位技术的产品研发与生产为发展方向。远航信通、远航信达与国外厂商合作包括：Garmin GPS 模块系列产品、Garmin Rino 系列产品、Getac 公司 V200 系列加固笔记本、美国 GlobalSoalr 公司便携式太阳能产品、美国 Garmin 公司部分手持式产品及户外腕表类产品。

联系方式： 电话：010-82790988

传真：010-82790788

邮箱：runhigh@runhigh-gnss.com

公司地址： 北京市海淀区上地东路 5-2 号 B703

公司网址： www.runhigh-gnss.com

21 北京桔灯地球物理勘探有限公司

英文全称： Beijing Orangelamp Geophysical Exploration Co., Ltd.

业务范围： 该公司成立于 2004 年，是一家致力于地球物理仪器代理、销售、研发、售后及勘探服务为一体的高新技术企业。桔灯产品涵盖固体矿产勘查、石油勘探、地质调查、环保领域等技术领域，涉及有地质、能源、矿产、地震、测绘、水利水电、铁路、公路、桥梁、林业、气象、考古、教育等行业。桔灯海洋产品涉及：海洋静力触探仪（Neptune 系列）、海洋地震仪（SIG）、浅地层剖面仪、侧扫声纳、海洋重力仪 (ZLS)、海洋磁力仪 (Seaspy)、海洋三维成像系统 (SBI)、海洋地质取样器 (OSIL)、岩心扫描仪 (ITRAX)、温盐深仪 (SD208)、浮标 (APB-5)、超短基线 (USBL)，空气压缩机 (NCA)，海洋机器人，海洋绞车 (SOSI)，深拖系统，海洋定位系统，海洋钻机，波浪补偿仪（SMC），玻璃浮球，地震导航及处理软件等多种海洋设备。

联系方式： 电话：400-010-9986

传真：010-56929901

邮箱：orange@orangelamp.com.cn

公司地址： 北京市何营路 8 号中关村科技园区科派产业基地 22 号楼

公司网址： www.orangelamp.com.cn

22 北京中地航星科技有限公司

业务范围：该公司坐落于北京朝阳区安贞商务区，是一家专门从事卫星导航定位产品销售、系统集成的高科技公司。公司的业务范围专注于 GPS 卫星导航及相关领域，致力于 GPS OEM 模块、GPS 模块、便携式导航一体机及车载 GPS 监控等产品的技术支持和服务。

联系方式：电话：010-64419460

　　　　　　传真：010-64410457

　　　　　　邮箱：GPS8610@163.com

公司地址：北京市朝阳区安外胜古庄 2 号企发大厦 B-210

公司网址：www.acctech.com.cn

23 北京因科思国际贸易有限公司

英文全称：Increase International Trade Co., Ltd.

业务范围：该公司是一家完整提供仪表、阀门以及流体控制产品的专业化销售与服务公司。经过多年的专业运作，已与多家世界知名制造商建立了紧密的合作关系。同时，本着"质量第一，信誉为本，开拓创新，追求卓越共赢"的经营理念和"为用户提供全方位解决方案"的基本运作模式，并始终坚持与制造商一道为用户提供专业的售前技术支持和及时、准确的售后技术服务，从而确保代理产品在石油、天然气、炼油、石化、化工、电力、科研、航空航天、制药以及其他加工制造业等行业中的广泛应用，并深受各行业用户的一致好评。

联系方式：电话：010-84282935/3983/9077

　　　　　　传真：010-84288762

　　　　　　手机：13910962635

　　　　　　邮箱：ownlevel@vip.sina.com

公司地址：北京市朝阳区望京街 10 号望京 SOHO-T1-C 座 2115 室

公司网址：www.increaseinc.cn

24 北京铭尼科科技有限公司

英文全称： Beijing Minic Hi-Tech Co., Ltd.

业务范围： 该公司是一家从事公共事业管道安全检测仪器、地质调查探矿、军用民用金属探测仪设备及海洋海底管线和航空安全检测设备的高科技公司。水、气、环保、消防、安检、海洋、航空领域专业设备和仪器的销售代理商。公司致力于引进世界尖端科技，提高中国公共事业检测水平。公司是中国城市燃气协会成员单位，是EITEP（欧洲环保信息技术交流研究所）的中国销售伙伴，为中国能源、给排水、环保和矿山及国防行业提供专业的先进技术和产品，并提供国际化的优质服务。产品应用于燃气管道泄漏检测定位、供水管道泄漏检测定位、排水管道内窥镜摄像检测、排水管道封堵气囊闭水测试、输油管道、供热管道及其他各类工业管道检测工作和管道清洗疏通行业。产品可分为燃气和供水管网泄漏和压力检测、排水管道内部检测、排水管道水下声纳测绘检测、管道封堵、管道修复堵漏、军用和民用金属探测、水下探测及打捞、机场安检、管线定位及防腐检测、清洗工程。其中清洗、管道定位、光纤铺设等方面还可根据用户需要特别配备工程人员。

联系方式： 电话：010-82163387
　　　　　　传真：010-82163570
　　　　　　邮箱：info@minic.com.cn

公司地址： 北京市海淀区西直门高梁桥斜街59号院12号楼3单元102

公司网址： www.minic.com.cn

25 北京派尔慧德科技股份有限公司

英文全称： Beijing Paier Technologies, Inc.

业务范围： 该公司是一家为客户提供高附加值产品的股份制企业。业务涉及海陆空军、政府、公安武警，海监渔政和民航等市场。产品包括LRAD音锐达定向声波驱散器、锐光侦察兵机器人、峰束探照灯、神隐盾牌、机场驱鸟设备、海洋机器人和水下声纳系统、物联网等。作为LRAD定向声波驱散器在中国大陆唯一的战略合作伙伴，为了适应警用和军用的采购需求，与LRAD公司合作在国内成立了生产工厂，为客户提供国际化品质的产品，本地化的服务和价格。还为客户集成、安装、维护和运营提供支持，致力于在所涉足的领域引领技术发展潮流，专注于通过技术为客户创造价值。

联系方式：电话：010-81050496/98

传真：010-83681221

邮箱：sales@paier-tech.com

公司地址：北京市丰台区南四环西路 188 号一区 8 号楼

公司网址：www.paier-tech.com

26 北京中瑞陆海科技有限公司

英文全称：Beijing Zhongrui Land&Ocean Technology Co., Ltd.

业务范围：该公司是一家服务于国家大规模公路、铁路、矿山、海洋等基础工程建设，专业从事土木工程、工程测量、地质勘查、海洋测绘与各类检测仪器的研发引进与生产销售的高新技术企业。本公司长期与中国科学院，中石油石化研究院，交通部科学研究院，中国铁道科学研究院，国土资源部，煤炭科学研究院，中国地震研究所等多家科研机构保持着密切合作关系，并自主或联合研发了多种先进检测仪器，广泛应用于各种领域。

联系方式：电话：010-53615117

邮箱：sales@bjzrlh.com

公司地址：北京市海淀区上地国际创业园

公司网址：www.bjzrlh.com

27 奥瑞视（北京）科技有限公司

英文全称：Allrising（Beijing）Technology Co., Ltd.

业务范围：奥瑞视（北京）科技有限公司是一家专业从事无损检测仪器，大型自动化无损检测系统研发、生产与销售的高新技术企业，致力于成为技术顶尖、服务领先的无损检测设备及解决方案提供商。产品及系统应用于各种工业领域，涵盖核能电力、钢铁冶金、石油化工、特种设备、教育科研、有色金属、铁路交通、航空航天、船舶制造、军工、机械制造、建筑等行业。

联系方式： 电话：010-82420304

传真：010-62668373

邮箱：ndt.nde@hotmail.com

公司地址： 北京市海淀区上地信息产业基地硅谷亮城 2B 座 217

28 中国国际贸易有限公司

英文全称： China International Trading Enterprise Co., Ltd.

业务范围： 中国国际贸易企业于 1975 年在香港成立，并改组为中国国际贸易有限公司继续在香港经营，已取得日本，挪威，英国及意大利等著名品牌的独家代理和经销权。主要业务为进出口贸易、维修、保养及安装自动化机械设备，电子通信器材，船舶仪器等，同时在多种不同行业如食物及制衣、海事及建筑行业中拥有超过 35 年的丰富及专业经验。

联系方式： 电话：(+852)2552-0178

传真：(+852)2873-0679

邮箱：marine@cite.com.hk

公司地址： 香港香港仔黄竹坑道 25-27 号

公司网址： www.cite.com.hk

—广州代表处

电话：020-87544408/85516433

传真：020-87514685

邮箱：citegz@21cn.com

地址：广东省广州市体育东路横街 22-24 号

—上海代表处

电话：021-6771-2539

邮箱：citesh@online.sh.cn

地址：上海市新华路 365 弄 6 号 5 楼 311 室

29 博来银赛科技（北京）有限公司

英文全称：Broad Insight Technologies Co., Ltd.

业务范围：该公司是一家致力于为我国地球物理科学研究领域提供地质仪器设备、相关技术方案和售后服务的高科技公司。自公司成立以来，公司以宽阔而敏锐的视野，洞察世界领先科技，与国际知名企业和研究所合作，为中国客户提供最新科技的地质科学仪器，包括探测陆地、海洋、地下等基本地球物理信息的产品。博来公司与国际上最为著名的宽频带地震仪生产厂家 Guralp Systems Limited 合作，成为 Guralp 公司的中国独家代理商，是 Guralp 公司除英国、美国以外的全球第三家售后服务中心，为中国客户提供全面的产品和技术服务。公司拥有经过厂家严格培训的专业技术和销售人才，同时有国内著名的行业专家作为顾问，为客户提供专业咨询、安装、调试、维护和系统集成等地震监测服务。公司有充足的备机、备件和维修平台，保障客户的科学考察的顺利开展。

联系方式：电话：010-88829199
　　　　　　传真：010-88829299
　　　　　　邮箱：sales@broadinsight.cn

公司地址：北京市海淀区紫竹院路 81 号院北方地产大厦 702 室

公司网址：www.broadinsight.cn

30 吉祥天地科技有限公司

英文全称：Beijing Jixiang Communication Technology Co., Ltd.

业务范围：该公司成立于 2003 年，以经营高科技仪器仪表为主，致力于打造引领行业的国际化一站式采购平台。公司致力于物探设备、无损检测仪器、工程检测仪器、环境监测设备、电工仪表、实验室仪器、气体检测仪器、农业检测仪器、水文地质设备及卫星手机和 GPS 产品，客户分布于矿业、地质、建筑、环保、质检、铁路、电力、安检、工商、农业、科研教育、工业、商检等各大领域。至今已拥有 Geometrics, Geonics, Zhinstruments, Scintex; Fluke, Flir, Oxford instruments, GE, sonatest; CA, GMC, Agilent; MetOne,

STEVE Water，Industrial scientific 等多家国外知名品牌的中国区销售代理权。公司已在气体检测、烟气分析、环境辐射、水质分析、实验室仪器、生态农林、食品安全、工业检测、安全防护等众多行业领域，树立起独立、完善、便捷的代理服务信誉，公司客户遍及石油化工、电力、军工航天、环保监测、教育科研、市政工程等行业领域。

联系方式： 电话：010-82659560/82659561

传真：010-82659560

邮箱：jixiang@gps88.com

wengxing@gps88.com

公司地址： 北京市海淀区昆明湖南路9号云航大厦

公司网址： www.shebei99.com

31 劳雷工业有限公司

英文全称： Laurel Technologies

业务范围： 劳雷公司是一家高科技仪器系统技术公司，其产品技术领域主要为地球物理勘探和海洋科学调查。多年来致力于地球物理及海洋调查仪器的应用研究，系统集成，软硬件新产品开发，市场营销，售后技术服务，以及工程技术咨询服务。劳雷工业有限公司成功地向中国的应用地球物理和海洋调查界提供了众多的仪器系统，并帮助支持用户们完成了无数重大国家科学项目和工程项目。

联系方式： 电话：(+1) 408-526-9022

传真：(+1) 408-526-9023

公司地址： 美国加州圣何塞市幸运大道 2190

公司网址： www.laureltechnologies.com

—北京办公室

电话： 010-58790099，**传真：** 010-58790989

邮箱： laurel@laureltech.com.cn

地址： 北京市朝外大街乙 12 号昆泰国际大厦 1809 室

—上海办公室

电话： 021-61196200，**传真：** 021-61196210

邮箱：laurelsh@laureltech.com.cn

地址：上海市龙吴路 777 号新媒体产业园 7 号楼 202

一成都办公室

电话：028-61338015，传真：028-61338025

邮箱：laurelcd@laureltech.com.cn

地址：成都市青羊区蜀金路 1 号金沙万瑞中心 C 座 709

一香港办公室

电话：(+852) 31103380，传真：(+852) 31103387

地址：香港筲箕湾南安街 83 号海安商业中心 15 层 A 室

32 泰亚赛福科技发展有限责任公司

英文全称：Tayasaf Corporation

业务范围：该公司主要经营各种进口、国产的无损检测仪（硬度计、测厚仪、探伤仪等）、气体检测仪（单一气体检测仪、复合气体检测仪、烟气分析仪等）、水质检测仪（酸度计、溶解氧仪、电导率仪等）等检测和分析仪器，焊接设备和材料及劳保产品等。经营国外品牌有：美国富臻、美国雷泰、美国沃伯特、美国福禄克、美国泛美、德国 EPK、德国 KK、德国竖威、英国雷迪、英国泰勒、日本川铁、日本奥林帕斯、日本三丰、日本理音等。

联系方式：电话：010-84851836

　　　　　　传真：010-84854139

公司地址：北京市经济技术开发区荣华北路亦城国际中心 B 座 7 层

公司网址：www.tayasaf.com

33 顶点华信科技有限公司

英文全称：Nacme Group Corporation

业务范围：该公司致力于高性能计算及可视化解决方案、大气科学与环境保护观测系统解决方案，以及与此相关的产品的销售、开发和应用系统集成工作。提供以下几个方面的解决方案和服务：高性能计算、可视化系统、大规模存储领域，大气科学与环境保护领域，综合观测场建设及复杂系统综合管理领域。

联系方式： 电话：010-82023256

邮箱：sales@acmegroupcorp.com

公司地址： 北京市朝阳区裕民路 12 号 E1 座 522-524

公司网址： www.acmegroupcorp.com

34 美国高科北京公司

英文全称： American High-Tech Beijing, Inc.

业务范围： 该公司是一家专业提供石油测井仪器、井下工具及技术服务的公司。业务范围包括：生产测井仪器、井下工具和石油技术服务。

联系方式： 电话：010-58772526

传真：010-58772536

邮箱：ahtbj0620@vip.sina.com

公司地址： 北京朝阳区北辰西路 69 号峻峰华亭 C 座 1701 室

公司网址： www.ahtbj.com

35 青岛水德仪器有限公司

英文全称： Qingdao Watertools Co., Ltd.

业务范围： 专业从事高品质水环境仪器设备销售和服务。致力于将研究自然水体环境的国际先进设备引进中国，现已经与国外数十家世界顶级的仪器设备供应商建立了长期稳定的合作关系。产品主要包括：水体采样设备、水生生物仪器、水质监测仪器、物理海洋仪器、水下测绘仪器、海洋物探仪器、水下工程仪器和内陆水文仪器等。

联系方式： 电话：0532-87761284

传真：0532-87761264

邮箱：info@watertools.cn

公司地址：青岛市城阳区中城路 345-2 号海都商务中心 910 室
公司网址：www.watertools.cn

36 青岛领海海洋仪器有限公司

英文全称：LinkOcean Technologies Ltd.

业务范围：该公司为中国海洋科学研究提供世界知名的海洋仪器设备，包括：快速多传感器水质剖面仪、温盐深剖面仪 CTD、温盐深仪、温深仪、潮位仪、波潮仪、水温仪、水深仪、深海水位计、浊度仪、叶绿素仪、有效光合作用辐射仪（光量子仪）、波高仪 WG-55、实验室盐度仪、感应耦合数据传输系统 MLM、温度链；水环境长期实时监测网络 LOBO（水质浮标、海底监测站、岸基站、河流浮标）、水下硝酸盐测量仪 (ISUS、SUNA)、海洋酸碱度 pH 仪 SeaFET、活体叶绿素荧光分析仪（实验室型 FIRe、水下现场型 in situ FIRe）、自由落体式水下高光谱剖面仪 HyperPro II（水色剖面仪）、海面高光谱仪 HyperSAS、光谱传感器 (HyperOCR、OCR)、生物光学剖面测量系统（BOSS）、海洋仪器防生物附着刷 Hydor-wiper；海气 CO_2 仪、水下总气体压力仪、水下甲烷测量仪；Microstar 漂流浮标、SVP 拉格朗日漂流浮标、浮标和水下潜标信标（无线电、LED、铱星、GPS）；小型海底布放回收底座 C-ROM、水下甲烷测量仪、水下 H_2 测量仪、水下 CO_2 测量仪、声学验潮站（无井、遥报）、水位波浪雷达 WaveRadar REX、边界层悬浮物剖面测量仪、小型多功能水下机器人、微型水下机器人 AC-ROV、高分辨率浅地层剖面仪、高分辨率小型旁扫声纳 Sea Scan HDS；岩芯综合测试系统、岩芯三维断层扫描系统（XCT）、高分辨率 X 射线岩芯扫描分析仪 (XRF)、岩芯扫描仪、三维微观 CT 等。

联系方式：电话：0532-80999236-102/18660298621
邮箱：info@linkocean.cn

公司地址：青岛市秦岭路 18 号国展财富中心 1-206 室
公司网址：www.linkocean.cn

37 青岛海洋研究设备服务有限公司

英文全称：China ORES Ltd.

业务范围：该公司是一家美国独资企业，是集海洋调查、探测技术、海洋工程、水道测量、环境监测和保护等海洋仪器引进与开发、技术咨询、技术服务、系统集成于一体的综合性高科技企业。是英国 TSS 公司、Sonardyne 公司、AAE 公司、Valeport 公司、Tritech 公司、Sub-Atlantic 公司、Chelsea 公司，美国 InterOcean 公司、Compabell 公司、Schilling 公司，加拿大 AXYS 公司、AML 公司等的中国技术中心和产品代理公司。

联系方式：电话：0532-82879818/13964882800

传真：0532-85025292

邮箱：Chore@china-ore.com

公司地址：青岛市南海路 7 号海洋所综合楼 19F

公司网址：www.china-ore.com

—北京办事处

电话：13194640605

地址：北京市朝阳区建国路 89 号华贸中心 15 号楼 1502

—香港办事处

电话：(+852) 23772786，传真：(+852) 35683337

地址：香港新界葵兴葵昌路 26-38 号豪华工业大厦 18 字楼 B 室

38 青岛国科海洋环境工程技术有限公司

英文全称：Qingdao Guoke Ocean Environment And Technology Ltd.

业务范围：该公司从事海洋环境监测仪器、海洋工程勘探设备、海洋地球物理探测设备、化学分析仪器，销售、租赁、进出口技术研发推广。代理的产品有海底泥温、海底热流、海床侵蚀、磁力仪、水位计、红外相机、色谱仪、探地雷达、ROV、雾化器等。代理品牌包括 JW Fisher、WTW、Marine Magnetics、SIG、SRI、AMT 等。

联系方式：电话：13808987782
　　　　　邮箱：sales@qdgk863.com
公司地址：青岛市辽阳东路 16 号海尔东城国际 18 号楼 404 室
公司网址：www.qdgk863.com

 39 青岛俊杨环境技术有限公司

英文全称：Qingdao Junyang EnviroTech Ltd.
业务范围：该公司是从事气象、水文环境监测技术和传感器、仪器设备销售的专业公司。公司主要成员来自于中国科学院研究机构，致力于大气、海洋环境的探测，评估，监测系统技术集成；气象、海洋传感及各种电子仪器仪表的销售和维护。
联系方式：电话：0532-85932723
　　　　　传真：0532-82898738
　　　　　邮箱：dejun@ms.qdio.ac.cn
公司地址：山东省青岛市南海路 7 号
公司网址：www.junyangchina.com

 40 上海拜能仪器仪表有限公司

英文全称：Shanghai Baineng Instruments Limited
业务范围：该公司专注于引进欧美先进环保、气象、气体、水质、土壤、植物等方面的仪器，并提供相关服务。目前公司产品包括了风速风向仪、超声波气象站、便携式气象站、手持式风速仪、温湿度记录仪、雨量计、能见度仪、辐射计、数据采集器、大气颗粒物取样器、空气质量监测仪、单一气体检测仪、复合气体监测仪、VOC 检测仪、便携式气相色谱仪、叶绿素仪、叶面积仪、土壤类、水质类仪器等。代理品牌包括：美国 AirMar、美国 RainWise、美国 NK、英国 RPR、新西兰 AeroQual、意大利 UNITEC 等公司。广泛应用于气象、环保、建筑、农学、水利水文等行业，客户遍及全国各省、市、自治区、直辖市。
联系方式：电话：021-66751761

传真：021-66751763

邮箱：sales@bncorp.com.cn

公司地址： 上海市铁山路1050号巨丰商务园1号楼213室

公司网址： www.bncorp.com.cn

41 上海泛际科学仪器有限公司

英文全称： Shanghai Pan-communication Scientific Co., Ltd.

业务范围： 该公司集研发、销售和服务为一体，公司主要的经营项目是海洋地球物理仪器。服务对象是各应用海洋地球物理仪器的生产、科研、教学和服务单位。公司自主开发各种用于海洋地球物理的软件，包括仪器的计算机控制程序和视窗界面的用户应用软件。

联系方式： 电话：021-34060911

公司地址： 上海市漕河经开发区松江高科园区，莘砖公路518号11号楼701室

公司网址： www.pan-comm.com

42 上海精导科学仪器有限公司

英文全称： Shanghai P-Nav Scientific Instruments Co., Ltd.

业务范围： 该公司是一家专业提供海洋、水文及气象等专业设备及系统解决方案的高科技公司。多年来，公司联合国家重点科研机构和院校引进了一系列国际先进的产品和技术，并结合自身丰富的工作经验，先后为水利部项目、国家海洋局专项、科技部项目、国家科技重大专项、港珠澳桥隧工程等提供技术咨询、仪器设备、系统解决方案和系统集成服务。产品涵盖：单波束及多波束测深仪、声速剖面仪、姿态仪、声纳、浅地层剖面仪、海洋磁力仪、泥浆密度仪、超短基线、海流仪、波浪仪、含沙量测量仪、海底微地貌仪、气象站、多参数水质仪、测量软件、浮标集成系统、水文监测遥报系统、挖泥船监控系统。业务范围包括：海洋、气象、测绘、物理海洋、水文测量水环境、水下工程、导航定位等仪器设备及系统集成技术服务。

联系方式：电话：021-32526591

传真：021-32525022

邮箱：info@p-nav.com.cn

公司地址：上海市青浦区华徐公路 999 号 e 通世界北区 B 幢 3A08 室

公司网址：www.p-nav.cn

43 上海精卫电子有限公司

英文全称： Shanghai Rock-firm Interconnect Systems Co., Ltd.

业务范围： 该公司是一家服务于船舶、海洋石油、风电、LNG、太阳能等领域的高科技公司。公司代理各种船用、海洋用仪器设备。

联系方式： 电话：021-51600366

传真：021-50814494

邮箱：info@rock-firm.com

公司地址： 上海市浦东新区福山路 33 号建工大厦 16 楼 E 座

公司网址： www.rock-firm.com

44 上海星门国际贸易有限公司

英文全称： Shanghai Stargate International Co., Ltd.

业务范围： 该公司具有独立进出口经营权，主要经营各类进口分析仪器，业务范围涉及农业、环保、疾控、自来水、食品、化工、烟草等多个行业，为意大利 SYSTEA 公司、荷兰 LABINCO、加拿大 PULSE 公司、意大利 Astori 公司、法国索定（Sodim）公司、德国布哈特（Burghart）公司授权代理商，主要产品有连续流动分析仪、间断分析仪、便携式水质分析仪、多参数水质分析仪、各类乳品分析仪、实验室前处理仪器、各品牌连续流动分析仪备件以及烟草专用检测、研究用仪器。

联系方式： 电话：021-34635762

传真：021-34635763

邮箱：david_ah@163.com

公司地址：上海市闵行区申南路 59 号泰弘研发园 7 号楼 509 室

公司网址：www.star-gate.com.cn

45 上海靖虎机电科技有限公司

英文全称：Shanghai Jing Tiger Mechanical Technology Co., Ltd.

业务范围：该公司以现场仪表和自控系统及环保监测仪器的研发、集成、销售及配套服务为主要业务范围的高新技术型公司。公司目前能提供的产品有：各类进口及国产自动、手动 SDI 仪及耗材，自动化控制系统（DCS，PLC），各类变送器、液位计、流量计、气动及电动阀门等现场仪表，环保监测仪器设备及各类实验室仪器设备（美国优特，美国 HACH），高低压电气产品及电线电缆等相关配套产品，化工原料及产品。产品广泛应用于化工、医药、冶金、石化、燃气、电力、水处理等城市公用事业及环保等众多领域。

联系方式：电话：021-60895355

传真：021-51686801

公司地址：上海市闵行区兰坪路 302 弄 15 号

公司网址：www.sh-jhjd.com.cn

46 上海地海仪器有限公司

英文全称：Geo Marine Technology Co., Ltd.

业务范围：该公司致力于为全国海洋测绘、海洋监测、近岸水下工程、海洋勘探、航道测量等领域提供创新的技术和仪器设备，和世界上 20 多个著名厂家建立了长期友好的合作关系，地海公司全面负责这些产品的在华销售和售前售后服务。主要设备厂家有 QPS、Sound Metrics、Kongsberg、Simrad、SevenCs、FSI、ECA、Argus、MDL 等。

联系方式：电话：021-54970635/6/7

传真：021-54970091

全阀等。

公司地址：上海松江区莘砖公路518号22号楼102室
公司网址：www.geo-marine-tech.com.cn

47 上海广创通用设备有限公司

英文全称：Shanghai Greatchange General Equipment Co., Ltd.

业务范围：该公司致力于为实验室客户提供一站式服务，专业代理进口科学仪器及相关消耗品，涉及生命科学、化工化学、医学制药、食品及环境等领域。公司代理的产品多为世界级品牌。主要产品类别有：SDI仪、水质分析仪、生命科学仪器、理化分析仪器、通用实验仪器及相关消耗品，涉及的品牌有Millipore、RODI、Procam、GE、Discpore、Barnstead、Thermolyne、Eutech、美国派克Parker，美国Barnant，英国Genevac，Metrohm万通、美国PE，Agilent，Waters，CEM、奥地利Anton paar，日本EYELA、瑞士BUCHI，德国Memmert、德国Lauda、美国NBS、Agilent、Waters、Varian色谱消耗品、Brand、Hirschmann、Schott实验室器材等。

联系方式：电话：021-31105300
　　　　　　传真：021-31105302
　　　　　　邮箱：leixiaoping.com@163.com

公司地址：上海市青浦区崧泽大道6066弄103号
公司网址：www.shgcty.com

48 上海胤旭机电设备有限公司

英文全称：Shanghai Yinxu Electromechanical Co., Ltd.

业务范围：该公司主要从事仪器仪表、过程控制、电气传动等工厂自动化方面的工程项目设计、软件编程、设备成套与供货、技术服务及人员培训。主要经营产品有：Settima螺杆泵、AKO刀闸阀、Blickle脚轮、Jordan控制阀、LESER安全阀等。

联系方式：电话：021-52102968-820

传真：021-52102936

邮箱：info@yx-intl.com

公司地址：上海市中山北路 2911 号中关村科技大厦 1306 室

公司网址：www.yx-intl.com

49 上海恩州仪器股份有限公司

英文全称：Shanghai Enou Technology Ltd.

业务范围：该公司众多行业系统应用、集成、开发提供完善优质的服务和强大的技术支持，主要为陆上及水下勘探、测绘工作者提供国内外知名厂商生产的先进勘测设备及相关卫星通信设备，产品广泛应用于陆上地质勘探、野外探险工作、考古研究、海洋地质勘探、水下工程以及教学研究等多行业用户。拥有遍布国土、地质、矿业、石油、考古、环保、林业、水利、电力、电信、测绘、探险、打捞、搜救、船运、公安、武警、军队、海关等诸多行业用户。

联系方式：电话：021-60675152

传真：021-60853379

邮箱：lwflhd@126.com

公司地址：上海市黄浦区陆家浜路 1378 号万事利大厦 2106 室

公司网址：www.enoutech.com

50 上海达赛导航设备有限公司

英文全称：Shanghai Dacel

业务范围：该公司主要从事卫星定位导航系统（GNSS）及移动 GIS 产品的引进、销售和研发。多年来，为政府、企事业单位及公众提供了大量以空间地理信息数据为核心的综合应用解决方案。并在自主研发的基础上，推出了赛图系列 GIS 数据采集产品。

联系方式：电话：021-58315336/7/8

传真：021-58315669

邮箱：service@totogis.com

公司地址：上海市闵行区吴宝路 255 号力国大楼楼 923 室

公司网址：www.totogis.com

—北京办事处

电话：010-65510140

地址：北京市朝阳区建国路 88 号 SOHO 现代城 2 号楼

—广州办事处

电话：020-38376800

地址：广州市黄埔区黄埔东路 633 号大院黄埔雅苑 15 号 305 室

51 上海 E-compass 科技有限公司

英文全称：ShangHai E-compass Science&Technology Co., Ltd.

业务范围：该公司主要致力于 GPS（卫星导航系统）相关应用技术的研发，目前已成功开发包括大型测量设备，手持型导航定位终端设备，车载导航定位终端设备等各类 GPS 相关新产品，拥有国际水平的地图压缩和数据处理技术，多种导航及测量的算法模型和软件技术，嵌入式 GIS 平台等产品。

联系方式：电话：021-33383060

公司地址：上海市徐汇区漕河泾高科园区田州路 159 号

公司网址：unistrong.com

52 上海逐海仪器设备有限公司

英文全称：ShangHai Instrument Equipment co., Ltd.

业务范围：该公司是立足于渔业资源调查、海洋和生态环境领域的高科技公司。致力于引进国际先进的仪器设备，并提供专业的技术服务。在渔业资源调查、濒危鱼类保护、陆地濒危动物保护定位、海洋、环境检测和生态环境领域提供高质量、完整的产品线，主要用于渔业资源调查、水陆动物追踪定位保护、海底底质和地形测绘、海洋综合科学考察、水下工程及探测、水下 ROV 图像、导航定位、海洋生态环境监测、水文气象、水体光学研究等。代理品牌包括：UVS、TriOS、Benthos、Biomark、UAV Survey、AML 等

联系方式：电话：021-60516895/60451581

　　　　　　传真：021-50686293

　　　　　　邮箱：sales@generule.com

公司地址：上海市浦东新区金新路 58 号银桥大厦 908 室

公司网址：www.zhuhaibio.com

53 上海贺森机电设备有限公司

英 文 全 称：Shanghai Hesen Mechanical And Electrical Equipment Co., Ltd.

业务范围：该公司专业从事进口机电设备、仪器仪表等备品备件的代理及销售。产品广泛应用于冶金、造纸、矿山、石化、能源、集装箱码头、钢铁、电厂、汽车、水利、市政工程及环保等工业领域以及各类军事、航空航天、科研等领域。主要产品有：接近开关、编码器、空压机备件、电机、减速机、电压表、电流表、光电开关、继电器、可控硅、传感器、熔丝、电缆、纠偏电眼、检测器、位移传感器、电量计、轴承、泵、电磁阀、离合器、气缸、风扇、压力开关、联轴器、快速接头、稀油润滑泵、拖链、电缆、链条、接插件、耐高温轴承、碳刷等。代理品牌包括：Diell、Micro Detectors、Allen-Bradley、Guardmaster、Binder、G-TEK、Cabur、Martor、Finetek、Fine Automation、Wabco、Kraus&Naimer、Aignep、MGM、Datalogic、Kaneko、NKE。

联系方式：电话：021-37023076

　　　　　　手机：18117148109

公司地址：上海市松江区九亭镇高科技园区坊东路 248 号

公司网址：hesenjidiangs.cn.china.cn

54 上海瑾瑜商贸有限公司

英文全称：Generule Asia Pacific Ltd.

业务范围：该公司致力于引进国际先进的仪器设备，并提供专业的技术服务。公司在海洋和生态环境领域提供高质量、完整的产品线，主要用于海底底质和地形测绘、海洋综合科学考察、水下工程及探测、水下 ROV 图像、导航定位、海洋生态环境监测、水文气象、水体光学研究、动物保护等。公司引进的仪器设备，广泛应用于国内"973"、"863"的大中型科研项目中。代理品牌包括：加拿大 ASL 公司、德国 TriOS 公司、美国 Biomark、英国 Ohmex 等。

联系方式：电话：021-58305536
　　　　　　传真：021-50686293
　　　　　　邮箱：sales@generule.com

公司地址：上海浦东新区金新路 58 号银桥大厦 908 室

公司网址：www.generule.com

55 上海奕枫仪器设备有限公司

英文全称：ShangHai Yiwin Instrument & Equipment Co., Ltd.

业务范围：该公司是一家从事科学研究及环境监测领域专业仪器销售和技术推广的高科技公司，长期致力于国外先进仪器技术的引进与推广，并提供系统的解决方案。公司总部位于上海，并在北京设有代表处。公司代理的产品涉及海洋遥感与地质研究、水文水质及地下水监测、大气环境及气溶胶监测等领域。迄今为止，已被许多世界知名科学仪器厂商授权为其产品在中国区域的独家代理商或一级代理商。

—上海总部

电话：021-54270075/76/79，**传真**：021-54270092

邮箱：sales@yi-win.com

地址：上海市徐汇区苍梧路 8 号 A 幢 318 室

—北京办事处

电话：010-60609523/4，13121367495，13121216495

地址：北京市海淀区上地信息路 2 号国际科技创业园 1 号楼 12C

公司网址：www.yi-win.com

56 上海泽泉科技有限公司

英文全称：Zealquest Scientific Technology Co., Ltd.

业务范围：该公司是一家专注于高端科研设备研发、系统集成、技术推广、销售和服务的高新技术企业。公司注册资金 900 万元，总部位于上海，在北京设有分公司，在广州、成都分别设有代表处。公司下设泽泉开放实验室，对外进行科研合作和项目研发。

联系方式：电话：021-51556112/3/4/5/6/7/8

传真：021-51556111

邮箱：sales@zealquest.com

公司地址：上海市普陀区中江路 879 号天地软件园 28 幢 402-403 座

公司网址：www.zealquest.com

57 上海点鱼仪器有限公司

英文全称：Shanghai Fishsonic Instrument Co., Ltd.

业务范围：该公司是一家服务于海洋事业和鱼类科学研究的科技型公司，服务领域包括海洋测绘、海洋水下工程、海洋环境监测、海洋地球物理勘察、水下考古打捞、水利工程、鱼类行为、生态环境、资源调查、渔业捕捞、水产养殖和环境评价等方面。业务包括：(1) 产品销售：提供进口设备的销售、培训和维修等服务。(2) 技术咨询和培训为客户的应用提供解决方案，方案对比，制定预算。联合国外厂家或科研机构在国内不定期开展新技术新应用讲座。(3) 承接调查项目：设备租赁、野外调查、数据采集报告和处理报告、试验设计和技术咨询。(4) 产品研发或集成：根据用户的需求，提供设计制造、传感器集成、数据传输等定制化服务。

联系方式： 电话：021-54243873/13818916367

传真：021-53700072

邮箱：sales@fishsonic.com

公司地址： 上海市徐汇区漕溪路 251 弄 3 号楼 1205 室

公司网址： www.fishsonic.com

58 业纳（上海）精密设备有限公司

英文全称： Jenoptik Shanghai

业务范围： 该公司是德国业纳（Jenoptik）集团的一家子公司。作为一家集成光电子集团，德国业纳将其业务范围划分为五个部门：激光与材料加工、光学系统、工业计量、交通安全、防务与民用系统。其客户遍布世界各地，主要包括半导体和半导体设备制造业、汽车和汽车供应商行业、医疗技术和安全技术以及航空业的公司。目前，业纳（上海）精密仪器设备有限公司的业务重心是产品的经销或组装，包括由其在德国的姐妹公司生产的激光与激光设备、光学系统、工业计量。

联系方式： 电话：021-38252380

传真：021-38252361

邮箱：info@jenoptik-china.com

公司地址： 中国上海市浦东新区秀浦路 3999 号 15 幢

公司网址： www.jenoptik.com/cn_home/

59 桂宁（上海）实验器材有限公司

英文全称： Labcan Scientific Supplies（shanghai）Co., Ltd.

业务范围： 该公司专业代理全球知名品牌的实验室仪器设备，耗材，生命科学试剂是国内领先的实验器材集成供应商，拥有广泛而稳固的客户群体和分销网络。目前拥有十多个欧、美，日顶级品牌的一级代理权，产品资源丰富，种类齐全。产品涵盖计量仪器、实验室通用仪器、化学分析、生命科学研究等。如电子天平、熔点仪、水分仪、粘度计、高压灭菌器、移液系统、酶标仪、洗板机等，涉及从化工、制药、日化、食品、涂料、建材、电子、汽车到农业、商检、质检、卫生防疫以及高校、研究单位等多个行业实验室。

联系方式：电话：021-59169693

传真：021-51685596

邮箱：info@labcan.cn

公司地址：上海市亭卫公路 3688 号 5-823 室

公司网址：www.omnilab.com.cn

60 希而科贸易（上海）有限公司

英文全称：Silkroad24 GmbH

业务范围：该公司是 Silkroad24（Silkroad24 GmbH）同时在德国上海张江高新科技园注册的外商独资公司。致力于为国内客户提供优质的德国及欧洲生产的各类工控自动化产品、仪器仪表、备品备件等。代理品牌包括：Knick，TURCK，Honsberg，Ahlborn，Proxitron，Burster。

联系方式：电话：021-20363052

传真：021-20363152

邮箱：office@silkroad24.com

公司地址：上海市浦东新区胜利路 836 弄 4 幢 12 号

公司网址：www.silkroad24.com

61 泛华设备有限公司（上海代表处）

英文全称：Marinequip China Co., Ltd.

业务范围：该公司主要承担：

（1）为船东，船厂或其他客户提供船用设备，备品备件及成套设备总承包等业务；

（2）承揽造船修船，船舶改建以及平台工程等项目；

（3）海事工程的咨询服务；

（4）代理船用设备并进行售后服务。

代理品牌包括：Zollner GMBH、Harm、Edco、SABB、Shengan Marine、VKK。

联系方式：电话：021-64455365

传真：021-64157887

邮箱：mareqsh@online.sh.cn

公司地址：上海东方路877号嘉兴大厦1306A室

公司网址：www.marinequip.com.cn

62 广州拓泰环境监测技术有限公司

英文全称：Top-Tech Environmental Technology Ltd.

业务范围：该公司是一家致力于海洋、环保、水文等行业的专业监测仪器和技术服务供应商。先后承担了广东省水文局北江流域水文基础设施建设和广东省水环境监测能力建设项目的设备供应和运营服务。公司可提供：1、海洋水质、生态、动力学要素监测，包括仪器选型、现场勘测、选点，仪器设备投放和回收，日常运行维护、故障诊断和修复；2、水文仪器选型、现场勘测选点、辅助设施制作、仪器安装调试、数据采集和传输；3、系统集成、数据采集、传输和处理；4、实验室仪器设备的咨询设计、设施配套、仪器标定、检定、备品备件供应等。代理品牌包括：YSI、Flowtracker等。

联系方式：电话：020-38032973/38032967

传真：020-38092112

邮箱：sales@gztoptech.com

公司地址：广州市天河区中山大道中路439号15楼04-07

公司网址：www.gztoptech.com

63 广州浩瀚电子科技有限公司

英文全称：Seatech China Co., Ltd.

业务范围：该公司致力于提供高科技和高可靠性的海洋设备和服务，总部设立在广州，下设北京、武汉和长春等办事处，以及香港分公司。产品包括：水下机器人、水下连接器、水下缆、水下摄像系统、滑环、单波束测深系统及浅剖、水下推进器、绞车等，同时具有水下电缆组件的密封加工能力。产品主要应用于海洋科研、大洋勘探与开发、海军、海洋石油、内陆江河湖泊调查、疏浚、水下测绘等。代理品牌包括：SMD、MacArtney、Hydro-Lek、CDL、Jenoptik、Imagenex 等。

联系方式：电话：020-39388496/39388473
　　　　　　传真：020-39388337
　　　　　　邮箱：enquiry@seatechchina.com

公司地址：广州市番禺区番禺大道北 555 号天安科技园创新大厦 309 室

公司网址：www.seatechchina.com

64 广州慧洋信息科技有限公司

英文全称：Guangzhou Samrtocean Information Technology Co., Ltd.

业务范围：该公司是一家专业的进口仪器代理、销售公司，公司业务范围涵盖导航定位、海洋测绘与调查、地球水文、地球物理、海洋工程、遥测通信等应用领域。主营产品：海洋勘察：测深仪、浅地层剖面仪、侧扫声纳、图像声纳、水下机器人、海洋磁力仪、姿态仪、潮位仪等。水文水质：流速流量计、多普勒流量计、流速仪、水位计、水质分析、测沙仪、土壤墒情监测仪器、数据采集模块等。气象监测：风速传感器、风向传感器、温湿度传感器、雨量传感器、自动气象站等定位导航：GPS 信标机、定向罗经、星站差分 GPS、避碰声纳等。代理品牌包括：Trimble、Syqwest、Ohmex、Solinst、Jw-finshers、Keller、L3-Klein、DeepVision、Aquatec、Global Water 等。

联系方式：电话：020-89239899
　　　　　　传真：020-89239899
　　　　　　邮箱：sales@cnsmoc.com

公司地址：广州市白云区齐富路 5 号金富大厦 330

公司网址：www.cnsmoc.com

65 南方卫星导航

英文全称：South Surveying & Mapping Instrument Co., Ltd

业务范围：该公司隶属于南方测绘集团，是致力于高精度卫星导航定位产品的研发、生产、销售于一体的高新技术产业公司。产品涵盖：北斗核心板卡、一体化 RTK GNSS 测量系统、手持 GIS 数据采集系统、GNSS 连续运行参考站系统（CORS）、水上双频 RTK 测量系统、星站差分系统、一体化变频测深仪以及相关软件等。产品系列齐全。代理品牌包括：Epson Stylus Pro、PCM+ 等。

联系方式：电话：020-22828899

　　　　　　传真：020-22131299

　　　　　　邮箱：master@southgnss.com

公司地址：广州市科韵路软件园建中路 52 号导航大厦

公司网址：www.southgnss.com

66 精量电子（深圳）有限公司

英文全称：Meas Sensors (China) Ltd.

业务范围：该公司是全球业界知名的专业传感器制造商，同时也是传感器产品的专业提供者。代理品牌包括：Schaevitz，ICSensors，Piezo Film。

联系方式：电话：0755-33305088

　　　　　　传真：0755-33305079

　　　　　　邮箱：sales.china@meas-spec.com

公司地址：深圳市南山区科技园北区朗山路 26 号

公司网址：www.meas-spec.cn

67 丰乐（香港）有限公司

英文全称：Funrock Electronics（HK）Ltd.

业务范围：该公司是一家专业电子设备代理商，主要代理销售无线通信产品及半导体功率器件，合作伙伴包括如 Microsemi，APEC，NELL，PANJIT，IR，ST，FUJI，ROHM，PANJIT 等公司，可向客户提供无线通信的解决方案及相关产品，如 Simcom 的 3G/GPRS 通信模块，东大 CDMA2000-1x 模块，台湾 SDC 的 GPS 模块，Quectel GPS 模块及相关的配件。

联系方式： 电话：(+852) 23973183

邮箱：info@funrock.com.hk

公司地址：香港九龙观塘鸿图道 1 号 5 楼 516 室

公司网址：www.funrock.com.hk

国内办事处：

—丰乐电子（深圳）有限公司

电话：0755-86604655，传真：0755-61370326

邮箱：ansonw@funrock.com.hk

地址：深圳市南山区常兴广场东座 8H

—上海办事处

电话：021-62576740，传真：021-52660840

地址：上海市武宁路 350 号

68 和成系统公司

英文全称：Intergrated System Ltd.

业务范围：该公司创建于 1989 年，是一家专门从事信息获取、记录、处理和存储的专业化公司。我们的产品与系统方案主要应用于水声、振动噪声、和通信领域。一直以来，我们致力于为用户提供先进的设备与理念，并以我们专业化的服务为用户提供技术支持。

公司网址：www.islchina.com

—香港办公室

电话：(+852) 2561-0808

传真：(+852) 2590-9562

地址：香港湾仔告士打道 128 号祥丰大厦 7 楼 C 室

—北京办公室

电话：010-51627234/7456

传真：010-51627350

地址：北京市海淀区中关村南大街 2 号数码大厦 A 座 2717 室

69 欧美大地仪器设备中国有限公司

英文全称：Earth Products China Limited

业务范围：该公司成立于 1987 年，是中国内地、香港、澳门领先的土木工程仪器设备全面解决方案的供应商。

公司网址：www.epccn.com

—香港总部

电话：(+852)2392-8698，传真：(+852)2395-5655

邮箱：info@epc.com.hk

地址：香港葵涌梨木道 79 号亚洲贸易中心 12 楼

—广州办事处

电话：400-700-9998，传真：020-83362080

邮箱：epcgz@epc.com.hk

地址：广州市广仁路 1 号广仁大厦 16 楼

—北京办事处

电话：010-67082860，传真：010-67082160

邮箱：epcbj@epc.com.hk

地址：北京市崇文区崇文门外大街 3A 号新世界中心 A 座 1105 室

—上海办事处

电话：021-58219849/50，传真：021-58211778

邮箱：epcsh@epc.com.hk

地址：上海市浦东桃林路 18 号环球广场 A 座 607 室

—南京办事处

地址：南京市中山路 268 号汇杰广场 1403 室

电话：025-83190370/71/72/73，传真：025-83197200

邮箱：epcnj@epc.com.hk

地址：南京市中山路268号汇杰广场1403室

 70 声震环保仪器有限公司

英文全称：S&V Samford Instruments Ltd.

业务范围：该公司主要从事空气及水类监测、电声学、音频测试、Aids 听力测试及助听器、汽车工业、光盘复制、数据采集及信号处理、力、扭矩及尺寸量度、机械维护及状态测试系统、医疗诊断、噪声振动测量及监测等仪器设备的销售和技术支持服务。代理品牌：G.R.A.S、CSi、ONOSOKKI、Iotech、RESON、LOUDSOFT、INNOVA、GRIMM 等。

联系方式：电话：(+852) 2833-9987

　　　　　　传真：(+852) 2833-9913

　　　　　　邮箱：sales@svsamford.com

公司地址：香港北角健康东街39号柯达大厦二座16楼1605室

公司网址：www.svsamford.com

—北京办事处

电话：010-84440698，传真：010-84440598

地址：北京市朝阳区曙光西里甲6号时间国际H座611室

—上海办事处

电话：021-64270698，传真：021-64270621

邮箱：shsales@svsamford.com

地址：上海市南丹东路238号金轩大厦18C室

—广州办事处

电话：020-37662282，传真：020-37662366

邮箱：gzsales@svsamford.com

地址：广州市永福路三号中核大厦1108室

—深圳办事处

电话：0755-82392010，传真：0755-82392146

邮箱：szsales@svsamford.com

地址：深圳罗湖区建设路 1008 号汇展阁 1702 室

71 艾德海洋科技集团（香港）有限公司

英文全称：Advanced Marine Technology Group (HK) Limited

业务范围：该公司是一家高科技仪器系统集成及服务公司，服务对象主要是中国大陆和香港用户，产品主要应用于大气海洋科学考查、海洋环境监测、卫星通信及导航等领域。公司致力于为海洋环境调查、海洋环境监测、海洋地质勘探、卫星通信、导航、遥感等领域提供创新的技术、仪器设备、解决方案以及技术服务与支持。

香港总部：香港九龙尖沙咀

—北京分部

电话：010-84437077，010-84437200

传真：010-82609021

邮箱：info@amt.com.hk

地址：北京市林萃东路一号院国奥村 A1 楼

公司网址：www.amt.com.hk

72 杭州腾海科技有限公司

英文全称：HangZhou Tenghai Technology

业务范围：该公司前身为杭州五维公司，是一家集水文环境监测、生物测量、化学分析、气象观测、测绘测量等仪器引进、技术服务及系统集成开发和新型产品研发于一体的高科技企业，腾海公司在系统集成和产品研发上取得多项专利技术，也是中国最早做海洋系统集成和海洋仪器研发的民营企业之一，业务涉及水文、环保、海洋、交通、航空、军工等行业。通过自主研发创新，推出了一系列优质的自主产品：海洋综合观测浮标、海洋环境监测浮标、溢油监测浮标、船舶遥报仪、浊度剖面仪、气象综合观测站、海洋综合监控软件等。代理品牌包括：Airmar、Campbell、Garmin、Mclane、TriOS GmbH、RM Young 等。

联系方式：电话：0571-85026970/13211682029

传真：0571-85026987

邮箱：hzocean@126.com

公司地址：杭州市文二西路1号元茂大厦2103-2107室

公司网址：www.soarocean.com

73 科瑞集团控股有限公司

英文全称：Kerui Group

业务范围：该公司是集高端石油装备研发制造、油田一体化技术服务、油田解决方案与油田EPC工程总承包三位一体的公司。

联系方式：电话：0546-8179179/8179683

传真：0546-8179685

公司地址：山东省东营市南二路233号

公司网址：www.keruigroup.com.cn

74 厦门市吉龙德环境工程有限公司

英文全称：XiaMen Kelungde ENV. Engineering Co., Ltd.

业务范围：该公司集各类环保在线监测分析仪器仪表的销售、安装、调试、维护为一体，水处理药剂销售及环保设施运营为一体。公司为意大利SYSTEA公司在线水质污水监测分析仪、台湾HOTEC公司水质分析仪国内总代理商，唯一指定的中国技术服务中心。代理美国BJC工业废水耐高污染电极，美国QED低流量地下水采样设备，美国IN-SITU地下水质监测系统，德国ISI：PH、DO、电导、浊度、余氯、污泥浓度/界面分析仪，德国Deckma水中油分监测仪，意大利Hanna仪器，美国Manning取样仪，美国WILDEN气动隔膜泵，日本HONDA液位计、液位差计、污泥浓度计、污泥界面仪等全球知名品牌。

联系方式：全国服务热线：4009-185-800

电话：0592-5938419/5914855

0592-3833869/3833857

手机：13806020340

邮箱：kelungde@vip.sina.com

公司地址：福建省厦门市思明区软件园二期观日路 30 号 203 室

公司网址：www.kelungde.com

—广州办事处

电话：020-39219086/39219085，传真：020-39219085

联系地址：广州番禺市桥东环路 163 号桥福园桥华楼二梯 706 室

—北京办事处

电话：010-84827847

地址：北京市朝阳区红军营南路媒体村天畅园 4 号楼 3204

—重庆办事处

电话：023-68031807

地址：重庆市九龙坡区高新区石桥铺华宇名都 1#16-2

—杭州办事处

电话：0571-86922735

地址：杭州市江干区新风路 318 号红街公寓 3 幢 1 单元 1201 室

75 福建瑞祥通导公司

英文全称：GMDSS.HK

业务范围：该公司是一家专业提供海事通信导航产品销售、咨询、与技术服务于一体的商业机构。主要经营领域：一是代理销售船舶通信导航设备。二是为新造船舶提供全方位的通导设备电子系统的安装、调试、技术服务。三是为在航船舶提供专业的 GMDSS 设备维护、技术支持（岸基维修协议、无线电安全检验、示位标年度检测、VDR 检测）。四：安检物资、救生与消防设备、图书日志等。代理品牌包括：Furuno、Garmin、I-COM、JRC、Samyung、Koden、Navman、Hondex 等。

联系方式：电话：0593-6963588

手机：13015806613

邮箱：m6613@163.com

公司地址：福建省福安市赛岐镇虹桥北路 33 号

公司网址：www.gmdss.hk

76 合肥安澜仪器有限公司

业务范围： 该公司成立于 2002 年，致力于分析仪器、在线设备、实验室规划、分析方法、运营维护服务等在水质及环境监测领域的方案解决应用。与国内外很多知名水质仪器制造厂商建立了长期授权代理合作关系。如美国 HACH（哈希）公司、美国 DIONEX（戴安）公司、美国 PE（珀金埃尔默）公司、美国 Agilent（安捷伦）公司、美国 Thermo-Fisher(赛默飞世尔) 公司、美国 OHAUS（奥豪斯）公司、德国 JEANA（耶拿）公司、美国 Millpore（密理博）公司、美国 Applieg Biosystems (AB) 公司等。

联系方式： 电话：0551-64651100/64651155

传真：0551-64651155-808

公司地址： 合肥市马鞍山中路 1 号东环广场 A 座 703 室

公司网址： www.anlan17.com